上海船厂技工学校

电器安装与线路敷设

主　编　陶琦赟
主　审　钱盛海

哈尔滨工程大学出版社
Harbin Engineering University Press

内容简介

本书是中等职业教育电气安装与维修(双证融通)专业电工技能实训教材。本书主要内容包括电工安全知识、常用电工工具与材料、照明电路的安装与调试、动力线路的安装与调试等单元。本书与实训项目相结合,使读者在完成工作任务的过程中,能学习到更多的基础知识。

本书可作为中等职业技术学校电气安装与维修专业教材,也可供相关人员参考使用。

图书在版编目(CIP)数据

电器安装与线路敷设/陶琦赟主编. —哈尔滨:哈尔滨工程大学出版社,2018.11

ISBN 978-7-5661-2123-3

Ⅰ.①电… Ⅱ.①陶… Ⅲ.①电器—安装—中等专业学校—教材 ②电子线路—线路敷设—中等专业学校—教材 Ⅳ.①TM5 ②TN7

中国版本图书馆 CIP 数据核字(2018)第 259983 号

选题策划 史大伟
责任编辑 薛 力
封面设计 李海波

出版发行 哈尔滨工程大学出版社
社　　址 哈尔滨市南岗区南通大街 145 号
邮政编码 150001
发行电话 0451-82519328
传　　真 0451-82519699
经　　销 新华书店
印　　刷 北京中石油彩色印刷有限责任公司
开　　本 787 mm×1 092 mm 1/16
印　　张 4.75
字　　数 125 千字
版　　次 2018 年 11 月第 1 版
印　　次 2018 年 11 月第 1 次印刷
定　　价 18.00 元
http://www.hrbeupress.com
E-mail:heupress@hrbeu.edu.cn

前　言

现阶段我国职业教育正在迅速发展，随着科技的进步，当代的新知识、新技术和新工艺越来越多地融入传统职业知识和技能中。我们本着“以就业为导向”的原则，以职业能力为依据，根据行业专家对电气运行与控制专业所涵盖的岗位群进行的任务和职业能力的分析，结合双证融通技能考核要求编写本教材。

本书是中等职业教育电气安装与维修（双证融通）专业电工技能实训教材。实训内容贴近生产实际，具有较高的可操作性和实用价值。全书内容包括：电工安全知识、常用电工工具与材料、照明电路的安装与调试、动力线路的安装与调试四个单元。

本书没有采用一般教材中以电工等级分类的编写体系，而是以现代社会要求电工必须掌握的几类主要技术能力为分类标准，按项目化教学分类要求来编写本书。书中每个项目又设计若干模块来完成项目教学目标，这样思路更清晰，更具有内容的独立性。

本教材在编写过程中得到有关领导、专家（沈倪勇、李蔚）和相关老师的大力支持与帮助，在此谨向所有为本教材的出版做过贡献的人员表示感谢。

由于编者水平有限，加之时间仓促，教材中如有疏漏、不妥之处，敬请读者批评指正。

编　者

2018 年 5 月

目 录

第1单元 电工安全知识

第2单元 常用电工工具与材料

第 1 单元　电工安全知识

项目1-1　规章制度与电工职业素养

知识目标

(1)认识专业并遵守实验室规章制度。

(2)了解劳动纪律。

(3)树立安全用电的职业意识。

(4)养成良好的职业素养。

技能目标

(1)树立安全用电与规范操作的职业意识。

(2)遵守实训劳动纪律,养成良好的电工职业素养。

项目操作准备

(1)穿好工作服、工作鞋,戴好安全帽。

(2)安全教育。

(3)配备安装使用的设备,工、量具,电工常用工具等。

(4)检查相关仪器仪表,确保正常使用。

(5)准备相关课堂用书及学习用品。

任务1-1-1　认识专业并遵守实验室规章制度

在改革开放四十年的今天,日常生活中电子产品、电器无处不在,现代人生活越来越依赖电子产品、电器。数量庞大的电子产品、电器需要大量懂电子技术的技能人才去操作、维修、检测,电工专业就是为培养这样的人才而开设的。

电工专业是培养具备电气工程基础知识,能从事各类电气设备维护和应用,以及电力生产和电气维修的复合型技术人才的学科。

1.认识专业

(1)电工的培养目标

电工的培养目标是以终身教育、素质教育为基础,培养德、智、体全面发展,知识、能力、素质协调发展,能独立地分析和解决问题,适应“电气控制与运行”领域的各项工作,并在计算机应用技术方面有专长的宽厚型、复合型,具有创新能力的中级技术工人。

(2)电工的就业方向

来料检验、产品调试、产品质量检测、产品维修、电气设备维修、电气安装等技术岗位是电子企业和各类工厂大量需要的人员。

电工的就业方向为高新技术企业中的电子与计算机类合资、外资型企业,国有大中型电子类生产企业、货物公司、民营企业,商品流通领域中的电子类产品的销售与售后服务部门,各企事业单位中电子类产品的使用和维护部门。

电工可以从事企事业单位电子技术设计开发，电子设备的安装、维护和电子产品销售服务工作，也可以从事电子、通信、控制、计算机应用方面生产、调试、维护等各类工作。

(3)电工的就业前景

学生掌握电工技能后，可从事电机维修、电子装配、发配电、继电保护、工厂用电、数控维修、家用电器维修等工作，就业范围十分广阔。

(4)电工的市场需求

随着人们生活质量的提高，电子科技的迅猛发展，大部分地区都出现了不同程度的电子产品供不应求和电子电工技术人员短缺的现象，为此相应的职业技术学校就要为社会培养一批这样的电子电工类专业型技术人才。

2. 实验室规章制度

(1)电工安全操作规程总则

①安全生产，人人有责。企业全体职工必须加强法制观念，认真执行党和国家有关安全生产的方针、政策与法规；严格遵守安全技术操作规程和各项安全生产的规章制度。遇到严重危及生命安全的情况，职工有权停止操作并及时报告、处理。

②按规定正确使用个人防护用品。凡进入船台、平台、船坞、码头等区域，以及基建施工、铸锻冶炼、起重搬运、车辆装卸和内场立体交叉作业，均需戴好安全帽并扣好安全带；3 m以上的登高作业，若无防护栏杆等有效可靠的安全措施，必须佩戴好安全带；水上作业要穿好救生衣或佩戴安全带；机械转动部位严禁戴手套操作，女工应把发辫纳入帽内；高速或飞溅切削应戴好防护眼镜。

③爱护和正确使用各种设备，加强维护保养。保证安全的防护、信号保险装置齐全、灵敏、可靠，确保设备的安全运行。

④各种安全防护装置、照明设备、信号设备、监测仪表、警戒标志等，不准随意拆除和占用。

⑤新入厂工人，实习、培训、临时参加劳动及变换工种的人员，未经三级安全教育或考核不合格，不准单独操作。

⑥电工、起重工、锅炉工、受压容器操作工、焊接(切割)操作工、各种车辆驾驶员及起重机械驾驶员等特殊工种的操作人员，必须经过专业培训和考试合格后，凭证操作，严禁无证操作。

⑦工作时应集中精力，坚守岗位，不准擅自把自己的工作交给他人，不是自己操作的设备不准随意开动；不准打闹、睡觉和做与本职工作无关的事；不准带小孩进入生产岗位；不准穿拖鞋、赤脚、赤膊；不准饮酒。

⑧两人以上共同操作时，必须有主有从，相互照顾，密切配合，以确保安全。

⑨既要有革命干劲，又要有科学态度，严禁违章指挥，及超重、超压、超载、超负荷使用设备。

⑩严禁任何人攀登吊运中的物件，以及在调运物件下面通过和停留。

⑪在高空及立体施工场所作业时，严禁向下投掷工具、材料、涂料等物件。操作人员随身携带的工具、物料应安放稳妥，防止落下伤人。

⑫检修各类机械、电气设备时，必须事先切断电源，挂示“严禁合闸”的警告牌，并设人监护。警告牌必须谁挂谁取，在合闸前要细心检查，确认无人检修后方准合闸。

⑬非电气人员不准装修电气设备和线路。

⑭使用手持电动工具必须绝缘可靠,有良好的接地或接零措施,并应戴好绝缘手套。手持行灯和局部照明电压不得超过36 V。

⑮在厂区或车间进行打桩、挖土施工时,必须查清地下管线,未经动力、基建等有关部门同意,不得擅自施工。挖土过程中,周围应该设有安全标志,夜间应挂上红色标志灯。施工完毕后,应立即将挖去的土方填上,保持场地平整。

⑯使用202和404胶水、泡沫等易燃物品时,应事先征得有关部门同意后才能上船。操作时四周应挂好"严禁烟火"的标志,并有专人监护。完工后,多余的胶水等要立即拿下船。在气体没有挥发完以前,作业周围禁止一切明火。

⑰上船明火作业前,须对乙炔、氧气皮带等工具以及作业区和所邻近的区域(包括隔舱)进行全面检查,确保安全后方可施工;作业中应随时注意明火作业场地及其邻近区域的情况,发现不安全因素,要及时采取安全措施后方可继续施工;工作完毕后,必须立即关闭乙炔、氧气阀门,以及电焊机等,将龙头、皮带拖出舱外、并巡查四周,严防余火引起火灾。

⑱各种消防器材、工具应按消防规范设置齐全,不准随便动用。安放消防设施地点的周围,不得堆放其他物品。

⑲在容器、双层底及狭小舱室工作环境下,必须由两人同时工作,其中一人为监护。监护人员要坚守工作岗位,不能离开现场,要注意观察情况,以防窒息、中暑、晕倒、触电等事故的发生。

⑳变配电室、氧气站、液化石油气站、乙炔发生站、空压机站、发电机房、锅炉房、油库、危险品库等要害部门,非岗位人员未经批准严禁入内。

㉑对易燃、易爆、剧毒、放射性和腐蚀性物品,必须分类妥善存放,并设专人严格管理。易燃、易爆等危险场所,严禁吸烟和明火作业。不得在有毒、粉尘生产场所进餐、饮水。

㉒各种原材料、成品、半成品必须堆放稳妥、整齐。厂区及车间通道应保持整洁、畅通。

㉓在厂区内行走时,应注意各种警标,严禁跨越危险区;严禁爬上、跳下行使中的机动车辆。

㉔各种油料、含油废水、工业毒品、工业垃圾等,应倒在指定地点或容器内,不准乱倒乱抛,不得任意排放。

㉕严格执行交接班制度。下班前必须切断电源、汽源、水源,熄灭火种,清理场地。

㉖如发生重大事故或恶性未遂事故,要及时抢救,保护现场,并立即向领导报告。

(2)维修电工安全操作规程条例

①应熟悉电气安全知识和触电急救方法,并经考试合格取得操作证才能操作。新工人要有师傅带领操作。

②必须认真执行《电气安全管理暂行条例》,做到装得安全、拆得彻底、检查经常、修理及时。

③工作前,必须检查工具、测量仪器和绝缘用具的灵敏情况。禁止使用失灵的测量仪器和绝缘不良的工具。

④任何电气设备未经验电,一律视为有电,不准用手触及。开关跳闸后,须将线路仔细检查一遍,方可推上开关,不允许强行送电。

⑤不准载负荷拉闸操作。凡校验及修理电气设备时,应切断电源,取下熔断丝,挂上"有人工作,禁止合闸"的警告牌。停电警告牌应谁挂谁取。

⑥不准带电作业。遇有特殊情况不能停电时,应经领导同意,必须在有经验的电工监

护下，划出危险禁界区域，采取严格的安全绝缘措施方能操作。

⑦工作中临时中断后或每班开始工作前，都必须重新检查电源，验明无电方可继续工作。

⑧带电装卸熔断丝时，要戴好绝缘手套，必要时使用绝缘夹钳，站在绝缘垫上。熔断丝的容量要与设备和线路安装容量相适应。不得使用超容量的熔断丝，严禁用铜丝代替熔断丝。

⑨电气设备的金属外壳必须接地（接零）。接地线要符合标准。用电设备不准断开外壳接地线。

⑩电器或线路拆除后，遗留的线头应及时用绝缘布包扎好。

⑪安装或维修照明灯具，必须控制相线和火线，火线必须接在开关后通向灯头。

⑫严格控制临时线接装。确实需装临时线，必须按临时线接装制度的手续办理，经动力部门批准，安技部门同意，凭工作票接装。临时装置的电气设备金属外壳必须接地，绝缘导线必须良好。使用申请日期到期后应按期拆除。在检查中，发现有私自接装的电气设备或灯具等，应给予拆除，确保安全用电。

⑬动力配电箱、开关、变压器等各种电气设备要勤检查，不准在附近堆放易燃、易爆物品和金属等其他物件，并做好清洁保养工作。

⑭登高作业应佩戴安全带。使用竹梯时，应认真检查，梯脚要用橡皮包扎防滑，放置在坚固的支持物上，顶端必须扎牢或梯脚有人扶住。缺挡、损坏、霉蛀的竹梯不准使用。使用人字梯时，拉绳必须牢靠。

⑮使用 36 V 以上的手持电动工具，应有良好的接地。检查所用的电动工具电压等级是否与电源电压相符。使用时，必须戴好绝缘手套和站在绝缘垫上工作。

⑯绝缘用具要定期做好耐压实验，确保用具安全可靠。

⑰使用喷灯时，油量不得超过容积的 3/4。打气要适当。不得使用漏油、漏气的喷灯。不准在易燃、易爆物品附近点火使用。

项目1-2　人身安全

知识目标

(1)触电危害。

(2)常见的触电原因。

(3)防止触电。

技能目标

(1)树立安全用电与规范操作的职业意识。

(2)遵守实训劳动纪律,养成良好的电工职业素养。

项目操作准备

(1)穿好工作服、工作鞋,戴好安全帽。

(2)安全教育。

(3)配备安装使用的设备、工量具、电工常用工具等。

(4)检查相关仪器仪表,确保正常使用。

(5)准备相关课堂用书及学习用品。

任务1-2-1　触电危害

触电是指人体触及带电体后,电流对人体造成的伤害。它有两种类型,即电击和电伤。

1. 电伤(非致命的)

电伤是指电流的热效应、化学效应、机械效应及电流本身作用造成的人体伤害。电伤会在人体皮肤表面留下明显的伤痕,常见的有灼伤、电烙伤和皮肤金属化等现象。

2. 电击

电击是指电流通过人体内部,破坏人体内部组织,影响呼吸系统、心脏及神经系统的正常功能,甚至危及生命。在触电事故中,电击和电伤常会同时发生。

3. 影响触电危险程度的因素

(1)电流大小对人体的影响

通过人体的电流越大,人体的生理反应就越明显,感应就越强烈,引起心室颤动所需的时间就越短,致命的危害就越大。按照通过人体电流的大小和人体所呈现的不同状态,工频交流电大致分为以下三种:

①感觉电流:指引起人的感觉的最小电流(1~3 mA)。

②摆脱电流:指人体触电后能自主摆脱电源的最大电流(10 mA)。

③致命电流:指在较短的时间内危及生命的最小电流(30 mA)。

(2)电流的类型

触电电流主要是麻痹、破坏神经系统,人体往往难以自主摆脱。

直流电击比起交流电击对人身的伤害性更大,它不像交流电的交变过程有一个电压过零的时间,而是持续性地对身体产生伤害,如果电流流经身体的主要器官则会对人体有致命的伤害。

(3)电流的作用时间

人体触电通过电流的时间越长,越易造成心室颤动,生命危险性就越大。据统计,触电1~5 min内急救,90%有良好的效果,10 min内急救有60%的救生率,超过15 min生存希望甚微。

触电保护器的一个主要指标就是额定断开时间与电流乘积小于30 mA·s。实际产品一般额定动作电流30 mA,动作时间0.1 s,故小于30 mA·s,可有效防止触电事故。

(4)电流路径

电流通过头部可使人昏迷;通过脊髓可能导致人瘫痪;通过心脏会造成心跳停止,血液循环中断;通过呼吸系统会造成窒息。因此,从左手到胸部是最危险的电流路径;从手到手、从手到脚也是很危险的电流路径;从脚到脚是危险性较小的电流路径。

(5)人体电阻

人体电阻是不确定的电阻,皮肤干燥时一般为100 kΩ左右,而一旦潮湿可降到1 kΩ。人体不同,对电流的敏感程度也不一样,一般地说,儿童较成年人敏感,女性较男性敏感。患有心脏病者,触电后的死亡可能性就更大。

(6)安全电压

安全电压是指人体不戴任何防护设备时,触及带电体不受电击或电伤的最高电压。人体触电的本质是电流通过人体产生了有害效应,然而触电的形式通常都是人体的两部分同时触及了带电体,而且这两个带电体之间存在着电位差。因此在电击防护措施中,要将流过人体的电流限制在无危险范围内,也即将人体能触及的电压限制在安全的范围内。国家标准制定了安全电压系列,称为安全电压等级或额定值,这些额定值指的是交流有效值,分别为42 V、36 V、24 V、12 V、6 V等几种。

任务1-2-2　常见的触电原因

人体触电的主要原因有两种:直接或间接接触带电体,以及跨步电压。直接接触又可分为单极接触和双极接触。

1.单极触电

当人站在地面上或其他接地体上,人体的某一部位触及一相带电体时,电流通过人体流入大地(或中性线),称为单极触电,如图1-2-1所示。图1-2-1(b)为电源中性点接地运行方式时,单相的触电电流途径。图1-2-1(c)为中性点不接地的单相触电情况。一般情况下,接地电网里的单相触电比不接地电网里的危险性大。

2.双极触电

双极触电是指人体两处同时触及同一电源的两相带电体,以及在高压系统中,人体距离高压带电体小于规定的安全距离,造成电弧放电时,电流从一相导体流入另一相导体的触电方式,如图1-2-2所示。两相触电加在人体上的电压为线电压,因此不论电网的中性点接地与否,其触电的危险性都最大。

3. 跨步电压触电

当带电体接地时有电流向大地流散，在以接地点为圆心，半径 20 m 的圆面积内形成分布电位。人站在接地点周围，两脚之间（以 0.8 m 计算）的电位差称为跨步电压 U_k，如图 1－2－3所示，由此引起的触电事故称为跨步电压触电。高压故障接地处，或有大电流流过的接地装置附近都可能出现较高的跨步电压。离接地点越近、两脚距离越大，跨步电压值就越大。一般离开接地点 10 m 以外就没有危险。

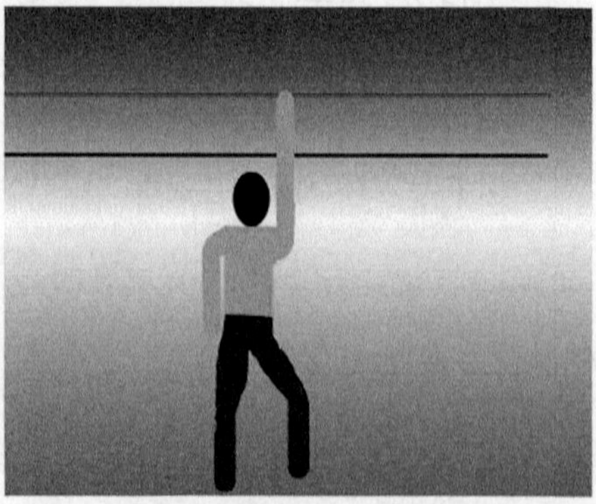

(a)

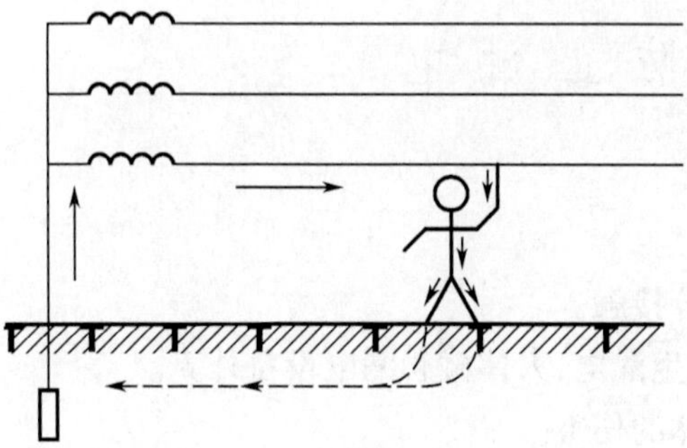

(b)

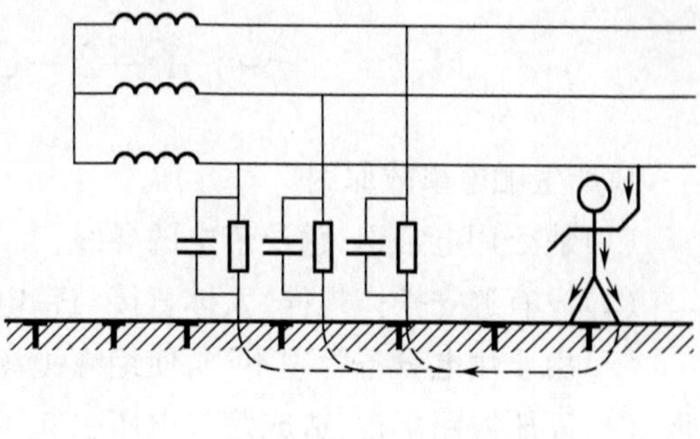

(c)

图 1－2－1　单极触电

(a)单极触电；(b)中性点接地时：单相触电电流途径；(c)中性点不接地时：单相触电电流途径

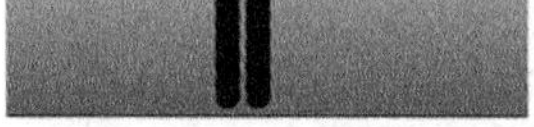

(a)

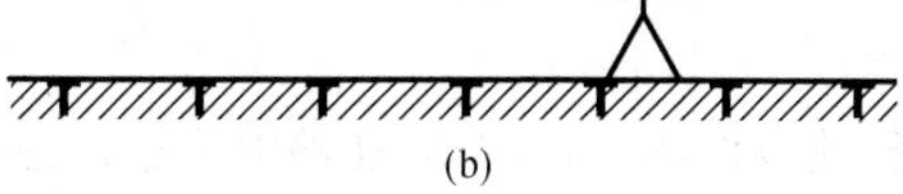

(b)

图 1－2－2　双极触电

(a)双极触电；(b)双极触电电流途径

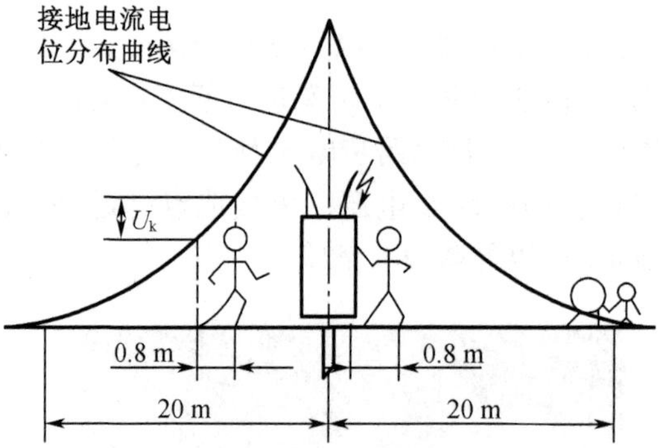

图 1-2-3　跨步电压触电

4. 剩余电荷触电

剩余电荷触电是指当人触及带有剩余电荷的设备时，带有电荷的设备对人体放电造成的触电事故。设备带有剩余电荷，通常是由于检修人员在检修中测量停电后的并联电容器、电力电缆、电力变压器及大容量电动机等设备时，检修前、后没有对其充分放电所造成的。

任务 1-2-3　防止触电

1. 产生触电事故原因

(1) 缺乏用电常识，触及带电的导线。

(2) 没有遵守操作规程，人体直接与带电部分接触。

(3) 由于用电设备管理不当，使绝缘损坏，发生漏电，人体碰触漏电设备外壳。

(4) 高压线路落地，造成跨步电压引起对人体的伤害。

(5) 检修中，安全组织措施和安全技术措施不完善，接线错误，造成触电事故。

(6) 其他偶然因素，如人体受雷击等。

2. 安全制度

(1) 在电气设备的设计、制造、安装、运行、使用和维护以及专用保护装置的配置等环节中，要严格遵守国家规定的标准和法规。

(2) 加强安全教育，普及安全用电知识。

(3) 建立健全安全规章制度，如安全操作规程、电气安装规程、运行管理规程、维护检修制度等，并在实际工作中严格执行。

3. 安全措施

在线路上作业或检修设备时，应在停电后进行，并采取下列安全技术措施：

(1) 切断电源；

(2) 验电；

(3) 装设临时地线。

项目 1－3　电 气 火 灾

知识目标

(1)电气火灾的主要原因。

(2)电气火灾防护环境。

(3)电气火灾扑救方法。

技能目标

(1)树立安全用电与规范操作的职业意识。

(2)遵守实训劳动纪律,养成良好的电工职业素养。

项目操作准备

(1)穿好工作服、工作鞋,戴好安全帽。

(2)安全教育。

(3)配备安装使用的设备、工量具、电工常用工具等。

(4)检查相关仪器仪表,确保正常使用。

(5)准备相关课堂用书及学习用品。

任务 1－3－1　电气火灾的主要原因

电气火灾是指由电气原因引发燃烧而造成的灾害。短路、过载、漏电等电气事故都有可能导致火灾。设备自身缺陷、施工安装不当、电气接触不良、雷击静电引起的高温、电弧和电火花是导致电气火灾的直接原因。周围存放易燃易爆物是电气火灾的环境条件。

1. 电气火灾产生的直接原因

(1)设备或线路发生短路故障

电气设备由于绝缘损坏、电路年久失修、疏忽大意、操作失误及设备安装不合格等将造成短路故障,其短路电流可达正常电流的几十倍甚至上百倍,产生的热量(正比于电流的平方)使温度超过自身和周围可燃物的燃点引起燃烧,从而导致火灾。

(2)过载引起电气设备过热

选用线路或设备不合理,线路的负载电流量超过了导线额定的安全载流量,电气设备长期超载(超过额定负载能力),引起线路或设备过热而导致火灾。

(3)接触不良引起过热

如接头连接不牢或不紧密、动触点压力过小等使接触电阻过大,在接触部位发生过热而引起火灾。

(4)通风散热不良

大功率设备缺少通风散热设施或通风散热设施损坏造成过热而引发火灾。

(5)电器使用不当

如电炉、电熨斗、电烙铁等未按要求使用,或用后忘记断开电源,引起过热而导致火灾。

(6)电火花和电弧

有些电气设备正常运行时就能产生电火花、电弧,如大容量开、关,接触器触点的分、合操作,都会产生电弧和电火花。电火花温度可达数千摄氏度,遇可燃物便可点燃,遇可燃气体便会发生爆炸。

任务1-3-2 电气火灾的防护措施

1.电气火灾的防护措施

电气火灾的防护措施主要致力于消除隐患、提高用电安全,具体措施如下:

(1)正确选用保护装置,防止电气火灾发生

①对正常运行条件下可能产生电热效应的设备采用隔热、散热、强迫冷却等结构,并注重耐热、防火材料的使用。

②按规定要求设置包括短路、过载、漏电保护设备的自动断电保护。对电气设备和线路正确设置接地、接零保护,为防雷电安装避雷器及接地装置。

③根据使用环境和条件正确设计选择电气设备。恶劣的自然环境和有导电尘埃的地方应选择有抗绝缘老化功能的产品,或增加相应的措施;对易燃、易爆场所则必须使用防爆电气产品。

(2)正确安装电气设备,防止电气火灾发生

①合理选择安装位置

对于爆炸危险场所,应该考虑把电气设备安装在爆炸危险场所以外或爆炸危险性较小的位置。开关、插座、熔断器、电热器具、电焊设备和电动机等应根据需要,尽量避开易燃物或易燃建筑构件。起重机滑触线下方,不应堆放易燃品。露天变、配电装置,不应设置在易于沉积可燃性粉尘或纤维的地方等。

②保持必要的防火距离

对于在正常工作时能够产生电弧或电火花的电气设备,应使用灭弧材料将其全部隔围起来,或将其与可能被引燃的物料,用耐弧材料隔开或与可能引起火灾的物料之间保持足够的距离,以便安全灭弧。

安装和使用有局部热聚焦或热集中的电气设备时,在局部热聚焦或热集中的方向与易燃物料,必须保持足够的距离,以防引燃。

电气设备周围的防护屏障材料,必须能承受电气设备产生的高温(包括故障情况下)。应根据具体情况选择不可燃、阻燃材料或在可燃性材料表面喷涂防火涂料。

(3)保持电气设备的正常运行,防止电气火灾发生

①正确使用电气设备,是保证电气设备正常运行的前提。因此应按设备使用说明书的规定操作电气设备。严格执行操作规程。

②保持电气设备的电压、电流、温升等不超过允许值。保持各导电部分连接可靠,接地良好。

③保持电气设备的绝缘良好,保持电气设备的清洁,保持良好通风。

任务 1－3－3　电气火灾的扑救

发生火灾，应立即拨打 119 火警电话报警，向公安消防部门求助。扑救电气火灾时注意触电危险，为此要及时切断电源，通知电力部门派人到现场指导和监护扑救工作。

1. 正确选择使用灭火器

在扑救尚未确定断电的电气火灾时，应选择适当的灭火器和灭火装置，否则，有可能造成触电事故和更大危害，如使用普通水枪射出的直流水柱和泡沫灭火器射出的导电泡沫会破坏绝缘。常用灭火剂的主要性能见表 1－5。

使用四氯化碳灭火器灭火时，灭火人员应站在上风侧，以防中毒；灭火后要注意通风。使用二氧化碳灭火时，当其浓度达 85% 时，人就会感到呼吸困难，要注意防止窒息。

2. 正确使用喷雾水枪

带电灭火时使用喷雾水枪比较安全，原因是这种水枪通过水柱泄漏的电流较小。用喷雾水枪灭电气火灾时水枪喷嘴与带电体的距离可参考以下数据：

· 10 kV 及以下者不小于 0.7 m；
· 35 kV 及以下者不小于 1 m；
· 110 kV 及以下者不小于 3 m；
· 220 kV 不应小于 5 m。

带电灭火必须有人监护。

3. 灭火器在不使用时，应注意对它的保管与检查，保证随时可正常使用。其具体保养和检查见表 1－5。

表 1－5　常用电气灭火器的主要性能

种类	二氧化碳	四氯化碳	干粉	1211	泡沫
规格	<2 kg 2 ~ 3 kg 5 ~ 7 kg	<2 kg 2 ~ 3 kg 5 ~ 8 kg	8 kg 50 kg	1 kg 2 kg 3 kg	10 L 65 ~ 130 L
药剂	液态 二氧化碳	液态 四氯化碳	钾盐、钠盐 二氟一氯	一溴甲烷	碳酸氢钠 硫酸铝
导电性	无	无	无	无	有
灭火范围	电气、仪器、油类、酸类	电气设备	电气设备、石油、油漆、天然气	油类、电气设备、化工、化纤原料	油类及可燃物体
不能扑救的物质	钾、钠、镁、铝等	钾、钠、镁、乙炔、二氧化碳	旋转电机火灾		水和带电物体
效果	距着火点 3 m 距离	3 kg 喷 30 s，7 m 内	8 kg 喷 14 ~ 18 s，4.5 m 内；50 kg 喷 50 ~ 55 s，6 ~ 8 m 内	1 kg 喷 6 ~ 8 s，2 ~ 3 m 内	10 L 喷 60 s，8 m 内；65 L 喷 170 s，13.5 m 内

表1-5(续)

种类	二氧化碳	四氯化碳	干粉	1211	泡沫
使用	一手将喇叭口对准火源;另一只手打开开关	扭动开关,喷出液体	提起圈环,喷出干粉	拔下铅封或横锁,用力压压把即可	倒置摇动,拧开关喷药剂
保养和检查	置于方便处,注意防冻、防晒和使用期	置于方便处	置于干燥通风处、防潮、防晒	置于干燥处,勿摔碰	置于方便处
	每月测量一次,低于原重量1/10时应充气	检查压力,注意充气	每年检查一次干粉是否结块,每半年检查一次压力	每年检查一次质量	每年检查一次,泡沫发生倍数低于4倍,应换药剂

项目 1－4　触电急救与电气消防

知识目标

(1)解脱电源。

(2)解脱电源后的判断。

(3)触电的急救方法和电气消防。

技能目标

(1)树立安全用电与规范操作的职业意识。

(2)遵守实训劳动纪律,养成良好的电工职业素养。

项目操作准备

(1)穿好工作服、工作鞋,戴好安全帽。

(2)安全教育。

(3)配备安装使用的设备、工量具、电工常用工具等。

(4)检查相关仪器仪表,确保正常使用。

(5)准备相关课堂用书及学习用品。

任务 1－4－1　解 脱 电 源

人在触电后可能由于失去知觉或触电电流超过人的摆脱电流而不能自行脱离电源,此时抢救人员不要惊慌,要在保护自己不被触电的情况下使触电者脱离电源。

(1)如果接触电器触电,应立即断开近处的电源,可就近拔掉插头,断开开关或打开保险盒。

(2)如果碰到破损的电线而触电,附近又找不到开关,可用干燥的木棒、竹竿、手杖等绝缘工具把电线挑开,挑开的电线要放置好,不要使人再触到。

(3)如一时不能实行上述方法,触电者又趴在电器上,可隔着干燥的衣物将触电者拉开。

(4)在脱离电源过程中,如触电者在高处,要防止脱离电源后跌伤而造成二次受伤。

(5)在使触电者脱离电源的过程中,抢救者要防止自身触电。

任务 1－4－2　脱离电源后的判断

触电者脱离电源后,应迅速判断其症状,根据其受电流伤害的不同程度,采用不同的急救方法。

(1)判断触电者有无知觉。

(2)判断呼吸是否停止(采用人工呼吸急救)。

(3)判断脉搏是否搏动(采用胸外挤压急救)。

(4)判断瞳孔是否放大。

任务1-4-3 触电急救的方法和电气消防

1.触电急救的方法

(1)口对口人工呼吸法

人的生命的维持,主要靠心脏跳动而产生血液循环,通过呼吸而形成氧气与废气的交换。如果触电人伤害较严重,失去知觉,停止呼吸,但心脏微有跳动,就应采用口对口的人工呼吸法。具体做法是:

①迅速解开触电人的衣服、裤带,松开上身的衣服、护胸罩和围巾等,使其胸部能自由扩张,不妨碍呼吸。

②使触电人仰卧,不垫枕头,头先侧向一边清除其口腔内的血块、假牙及其他异物等。

③救护人员位于触电人头部的左边或右边,用一只手捏紧其鼻孔,不使漏气,另一只手将其下巴拉向前下方,使其嘴巴张开,嘴上可盖上一层纱布,准备接受吹气。

④救护人员做深呼吸后,紧贴触电人的嘴巴,向他大口吹气。同时观察触电人胸部隆起的程度,一般应以胸部略有起伏为宜。

⑤救护人员吹气至需换气时,应立即离开触电人的嘴巴,并放松触电人的鼻子,让其自由排气。这时应注意观察触电人胸部的复原情况,倾听口鼻处有无呼吸声,从而检查呼吸是否阻塞,如图1-4-1所示。

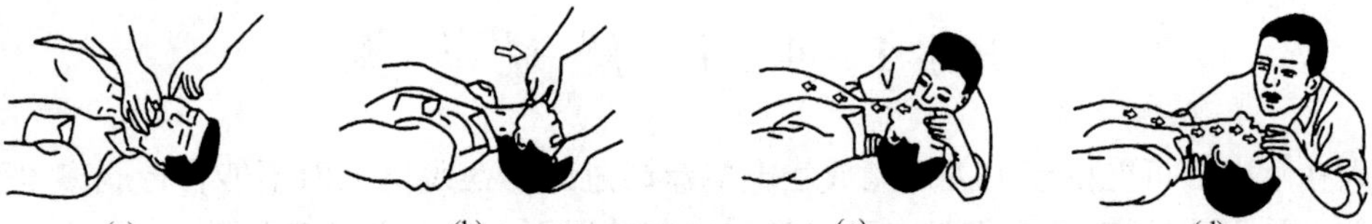

(a) (b) (c) (d)

图1-4-1 口对口(鼻)人工呼吸法

(a)张口捏鼻;(b)手向上抬颚;(c)口对口吹气;(d)5 s一次坚持吹

口诀:

张口捏鼻手抬领,深吸缓吹口对紧;

张口困难吹鼻孔,5秒一次坚持吹。

(2)人工胸外挤压心脏法

若触电人伤害得相当严重,心脏和呼吸都已停止,人完全失去知觉,则需同时采用口对口人工呼吸和人工胸外挤压两种方法。如果现场仅有一个人抢救,可交替使用这两种方法,先胸外挤压心脏4~6次,然后口对口呼吸2~3次,再挤压心脏,反复循环进行操作。人工胸外挤压心脏的具体操作步骤如下:

①解开触电人的衣裤,清除口腔内异物,使其胸部能自由扩张。

②使触电人仰卧,姿势与口对口吹气法相同,但背部着地处的地面必须牢固。

③救护人员位于触电人一边,最好是跨跪在触电人的腰部,将一只手的掌根放在心窝

稍高一点的地方(掌根放在胸骨的下三分之一部位),中指指尖对准锁骨间凹陷处边缘,如图1-4-2(a)另一只手压在那只手上,呈两手交叠状(对儿童可用一只手),如图1-4-2(b)所示。

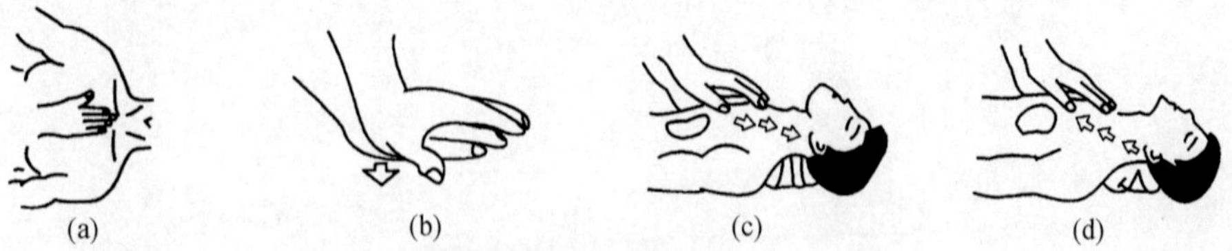

图1-4-2　心脏挤压法

④救护人员找到触电人的正确压点,自上而下,垂直均衡地用力按压,如图1-4-2(c)、1-4-2(d)所示,压出心脏里面的血液,注意用力适当。

⑤挤压后,掌根迅速放松(但手掌不要离开胸部),使触电人胸部自动复原,心脏扩张,血液又回到心脏。

口诀:

掌根下压不冲击,突然放松手不离;

手腕略弯压一寸,一秒一次较适宜。

2.电气消防

(1)发现电子装置、电气设备、电缆等冒烟起火,要尽快切断电源。

(2)使用砂土、二氧化碳或四氯化碳等不导电灭火介质,忌用泡沫和水进行灭火。

(3)灭火时不可将身体或灭火工具触及导线和电气设备。

第2单元　常用电工工具与材料

项目 2－1　常用电工工具

知识目标

(1)学会选用电工工具。
(2)学会使用常用电工工具。
(3)树立安全用电的职业意识。
(4)养成良好的职业素养。

技能目标

(1)树立安全用电与规范操作的职业意识。
(2)遵守实训劳动纪律,养成良好的电工职业素养。

项目操作准备

(1)穿好工作服、工作鞋,戴好安全帽。
(2)安全教育。
(3)配备安装使用的设备、工量具、电工常用工具等。
(4)检查相关仪器仪表,确保正常使用。
(5)准备相关课堂用书及学习用品。

任务 2－1－1　低压验电器

验电器也称验电笔,俗称电笔,它是用来检测导线、电器和电气设备的金属外壳是否带电的一种电工工具。根据外形来分验电笔有螺丝刀式和钢笔式两种,如图 2－1－1 和图 2－2－2 所示。根据测量电压高低分为低压验电器和高压验电器。其测量范围为 50 ~ 250 V。

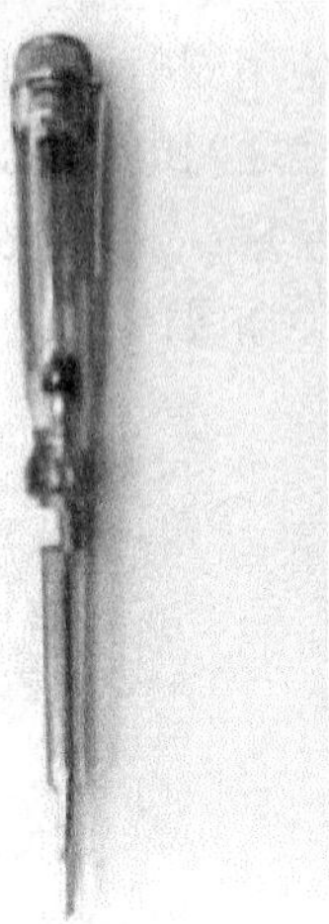

图 2－1－1　螺丝刀式

1. 低压验电器的组成包括笔尖金属体、氢管、电阻(高压电阻)、弹簧和笔尖金属体,如图 2－1－3 所示。

2. 低压验电器的原理

(1)欧姆定律

$$I = U/R$$

(2)串联电路的总电阻关系式

$$R = R_1 + R_2$$

具体说明如下:

①当用验电笔去检测某一导体是火线还是零线时,通过验电笔的电流(也就是通过人体的电流)I 等于加在测电笔和人体两端的总电压 U 除以测电笔和人体两端的总电阻 R。

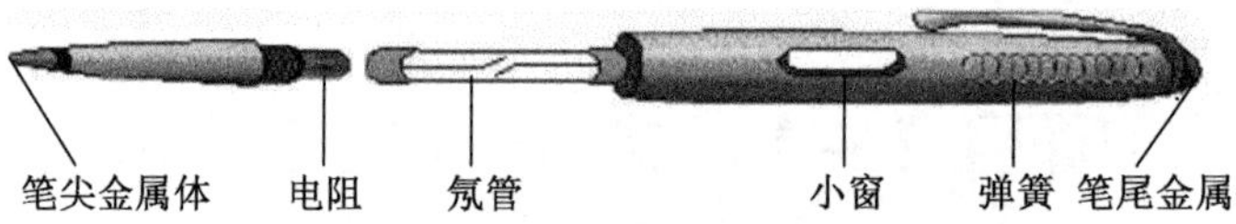

图 2-1-2　钢笔式

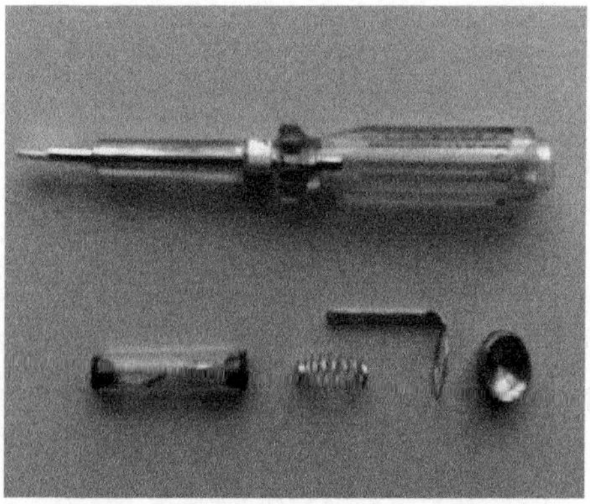

图 2-1-3　低压验电器的组成

②测火线时，照明电路中火线与地之间的电压 $U=220$ V 左右，人体电阻一般很小，通常只有几百到几千欧姆，而测电笔内部的电阻通常有几兆欧左右，通过测电笔的电流(也就是通过人体的电流)很小，通常不到 1 mA。这样小的电流通过人体时，对人体没有伤害，而这样小的电流通过测电笔的氖泡时，氖泡会发光。

③测零线时，$U=0$，$I=0$，也就是没有电流通过测电笔的氖泡，氖泡不会发光。这样我们可以根据氖泡是否发光判断是火线还是零线。

(3)低压验电器的使用方法

使用测电笔时，以中指和拇指持测电笔笔身，食指接触笔尖金属体或笔挂。当带电体与接地之间电位差大于 60 V 时，氖泡产生辉光，证明有电。

注意：人手接触电笔部位一定要在测电笔的金属笔盖或者笔挂，绝对不能接触测电笔的笔尖金属体，以免发生触电，如图 2-1-4 所示。

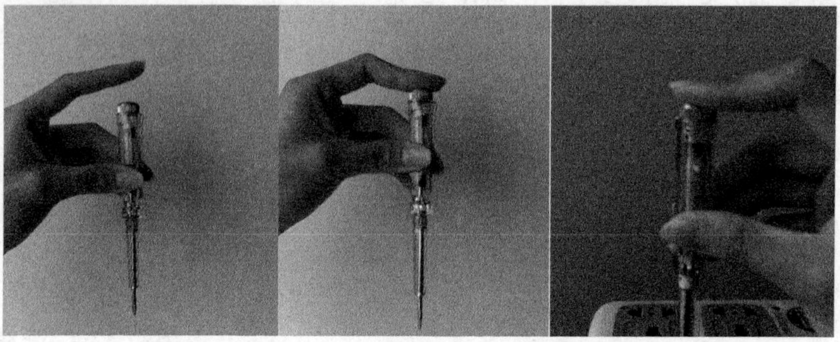

(a)　(b)　(c)

图 2-1-4　人手接触笔部位示意图

(a)中指和拇指撑电笔笔身；(b)食指接触笔尖金属体；(c)以此状态插入被测物

(4)低压验电器的注意事项

①使用测电笔之前应先检查测电笔内有否安全电阻,然后检查测电笔有否损坏,有否受潮或进水现象。检查合格后方可使用。

②在使用测电笔测量电气设备是否带电之前,先要将试电笔在有电源的部位检查一下氖管能否正常发光,如能正常发光,方可使用。

③在明亮的光线下使用测电笔测量带电体时,应注意避光,以免因光线太强而不易观察氖管是否发光,造成误判。

④螺丝刀式测电笔前端金属体较长,应加装绝缘套管,避免测试时造成短路或触电事故。

⑤使用完毕后,要保持测电笔清洁,并放置在干燥处,以防碰摔。

任务2-1-2　电　工　刀

1. 电工刀的用途

用来剖切导线、电缆的绝缘层,切割木台、电缆槽等,如图2-1-5所示。

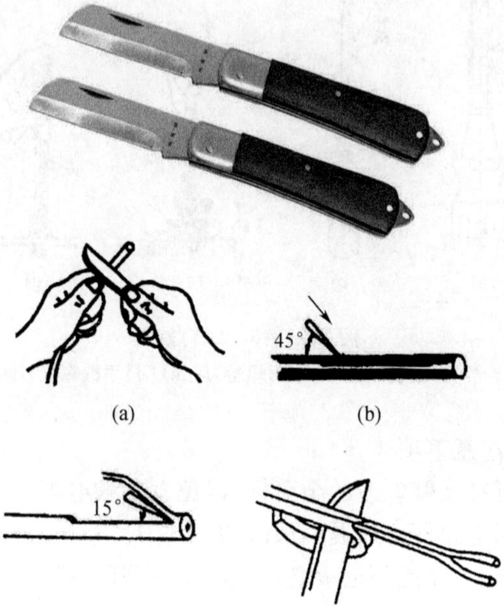

(c)　　(d)

图2-1-5　用电工刀剥削导线

(a)左手持导线,右手持刀;(b)刀口朝外,倾斜45°剥开;
(c)刀口朝下15°,把制余的绝缘层剥开;(d)这样导线就剥开了

2. 使用电工刀的注意事项

①不得用于带电作业,以免触电。

②应将刀口朝外剖削,并注意避免伤及手指。

③剖削导线绝缘层时,应使刀面与导线成较小的锐角,以免割伤导线。

④使用完毕,随即将刀身折进刀柄。

任务2－1－3 螺钉旋具

1. 螺钉旋具的类别

螺钉旋具又称“起子”、螺丝刀等，如图2－1－6所示，其头部形状有十字形和一字形两种。

(1)一字形螺丝刀

规格用金属杆长度表示，有：100 mm，150 mm，200 mm，300 mm，400 mm。

(2)十字形螺丝刀

规格按适用螺钉直径表示：

Ⅰ号(2～2.5 mm)；

Ⅱ号(3～5 mm)；

Ⅲ号(6～8 mm)；

Ⅳ号(10～12 mm)。

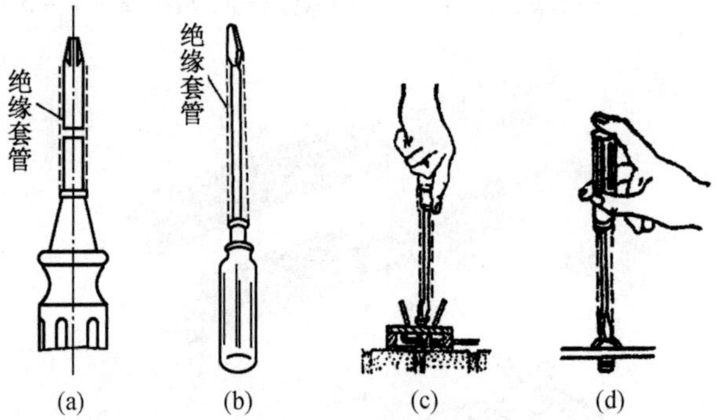

图2－1－6 螺钉旋具

(a)十字形螺丝刀；(b)一字形螺丝刀；(c)(d)手握螺丝刀的手柄

2. 使用螺钉旋具的注意事项

带电作业时，手不可触及螺丝刀的金属杆，以免发生触电事故。

作为电工，不应使用金属杆直通握柄顶部的螺丝刀。

为防止金属杆接触到人体或邻近带电体，金属杆应套上绝缘管。

任务2－1－4 钢 丝 钳

1. 钢丝钳的用途

钢丝钳是用于夹持或折断金属薄片，切断金属丝的工具。

电工用钢丝钳的柄部套有绝缘套管(耐压500 V)，其规格用钢丝钳全长的毫米数表示，如图2－1－7所示。

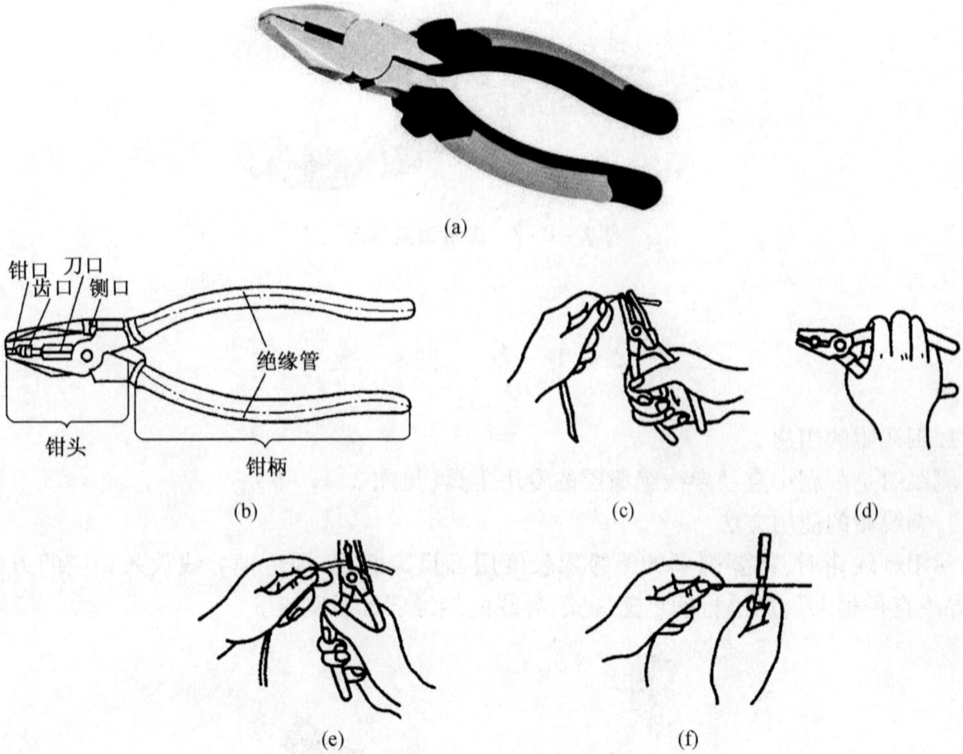

图 2－1－7　钢丝钳

(a)钢丝钳实物图;(b)钢丝钳结构图;(c)左手持导线,右手持钳子;
(d)拇指握钳柄的下端,其他四根手指握钳柄的上端;(e)把导线放入相应的位置上;(f)右手用力旋转把导线剥开

2. 使用钢丝钳的注意事项

使用前,检查钢丝钳绝缘是否良好,以免带电作业时造成触电事故。

在带电剪切导线时,不得用刀口同时剪切不同电位的两根线(如相线与零线、相线与相线等),以免发生短路事故。

任务 2－1－5　尖　嘴　钳

1. 尖嘴钳的用途

尖嘴钳头部很尖,适用于狭小的空间操作。钳柄有铁柄和绝缘柄两种。尖嘴钳可夹持小螺钉、垫圈及导线等元件,还能将导线端头弯曲成所需的各种形状,如图 2－1－8 所示为尖嘴钳实物图。

2. 尖嘴钳的使用注意事项

使用前,检查尖嘴钳绝缘是否良好,以免带电作业时造成触电事故。

在带电剪切导线时,不得用刀口同时剪切不同电位的两根线(如相线与零线、相线与相线等),以免发生短路事故。

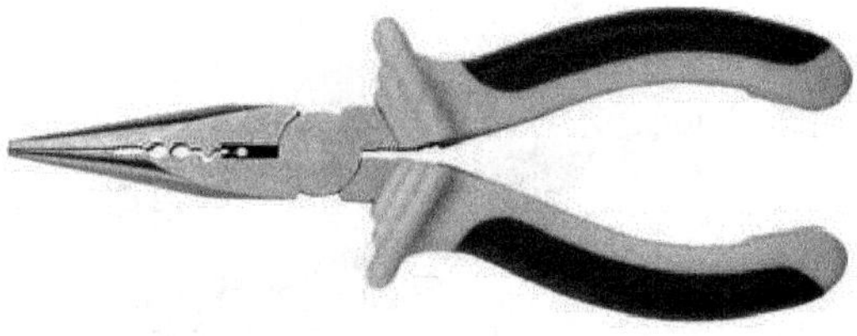

图 2－1－8　尖嘴钳实物图

任务2－1－6　剥　线　钳

1. 剥线钳的用途

剥线钳是削剥小直径导线绝缘层的专用工具(见图 2－1－9)。

2. 剥线钳的使用方法

使用剥线钳时,将要削剥的绝缘层长度用标尺定好后,即可把导线放入相应的刃口中(比导线直径稍大),用手将柄迅速握紧,导线的绝缘层即被割破。

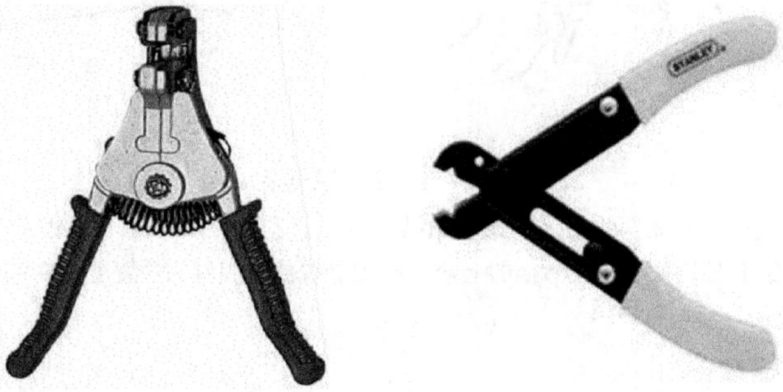

(a)　　(b)

图 2－1－9　剥线钳

任务2－1－7　活　扳　手

1. 活扳手的用途

活扳手是用来紧固和起松螺母的一种工具(见图 2－1－10)。

2. 活扳手的构成

活扳手由活动扳口、与手柄连成一体的固定扳口和调节蜗杆组成。蜗杆呈圆柱状,其轴向位置是固定的,只绕淬硬的销轴转动,用以调节夹持扳口的大小。

3. 使用活扳手的注意事项

活扳手不可反用,以免损坏活络扳唇。

不可用加力杆接长手柄以加大扳拧力矩。

不得当作撬棒或手锤使用。

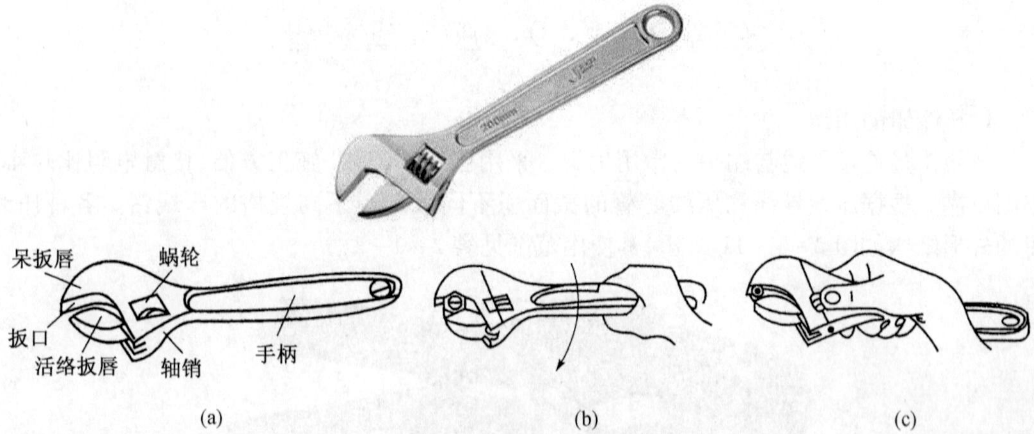

图 2－1－10　活扳手

任务 2－1－8　斜　口　钳

1. 斜口钳的分类

斜口钳的钳柄有铁柄、管柄和绝缘柄三种。电工用带绝缘柄的斜口钳见图 2－1－11。

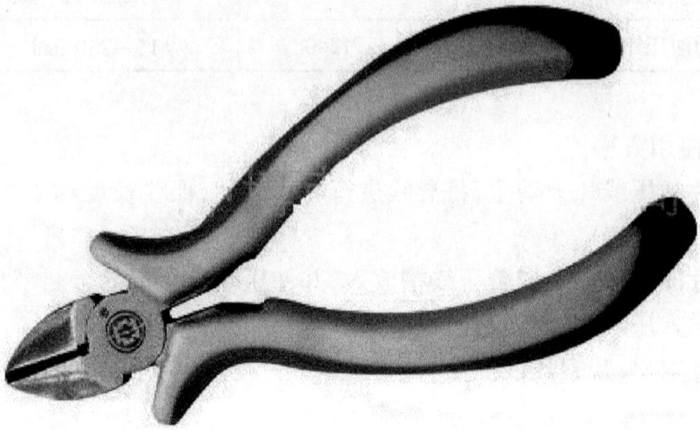

图 2－1－11　斜口钳

2. 斜口钳的用途

斜口钳主要用于剪断较粗的电线、金属丝及导线电缆。

3. 斜口钳的注意事项

使用前，检查斜口钳绝缘是否良好，以免带电作业时造成触电事故。

在带电剪切导线时，不得用刀口同时剪切不同电位的两根线（如相线与零线、相线与相线等），以免发生短路事故。

任务2-1-9　压　线　钳

1. 压线钳的用途

压线钳是连接导线与端头的常用工具。采用压线钳连接,施工方便,接触电阻比较小,牢固可靠。根据压线导线和压线套管的截面积不同来选择不同规格的压线钳。各种压线钳的外形结构如图2-1-11所示,其使用范围见表2-1-1。

图2-1-12　压线钳

表2-1-1　各种压线钳的使用范围

名称	型号	使用范围
多股导线压线钳	—	1.0~6 mm^2 多股导线
单股导线压线钳	—	2.5~10 mm^2 单股导线
手动油压钳	SLP1240	16~240 mm^2 多股铜铝导线

2. 压线钳的使用方法

(1)将压线片从压线片上剪下,将导线进行剥线处理,裸线长度约1.5 mm,与压线片的压线部位大致相等。

(2)将压线片的开口方向向着压线槽放入,并使压线片尾部的金属带与压线钳平齐。

(3)将导线插入压线片,对齐后压紧。

(4)将压线片取出,观察压线的效果,掰去压线片尾部的金属带即可使用。

任务2-1-10　万　用　表

1. 万用表的结构

(1)表头

万用表的表头是一只高灵敏度的磁电式直流电流表。万用表(图2-1-13)的主要性能指标基本上取决于表头的性能。表头的灵敏度是指表头指针满刻度偏转时流过表头的直流电流值,这个值越小,表头的灵敏度越高。测电压时的内阻越大,其性能就越好。表头上有四条刻度线,它们的功能如下:第一条(从上到下)标有“R”或“Ω”,指示的是电阻值,转换开关在欧姆挡时,即读此条刻度线。第二条标有“∽”和“VA”,指示的是交、直流电压和直流电流值,当转换开关在交、直流电压或直流电流挡,量程在除交流10 V以外的其他位置时,即读此条刻度线。第三条标有“10 V”,指示的是“10 V”的交流电压值,当转换开关在交、直流电压挡，量程在交流 10 V 时，即读此条刻度线。

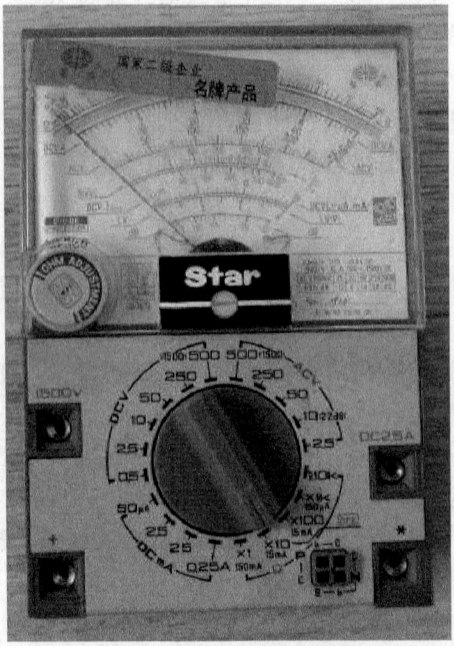

图 2－1－13　万用表

(2)测量线路

测量线路是用来把各种被测量转换到适合表头测量的微小直流电流的电路，它由电阻、半导体元件及电池组成。它能将各种不同的被测量(如电流、电压、电阻等)、不同的量程，经过一系列的处理(如整流、分流、分压等)统一变成一定量限的微小直流电流送入表头进行测量。

(3)转换开关

其作用是用来选择各种不同的测量线路，以满足不同种类和不同量程的测量要求。转换开关一般有两个，分别标有不同的挡位和量程。

2. 万用表的符号含义

(1)“～”表示交直流。

(2)“V－2.5 KV4000 Ω/V”表示对于交流电压及 2.5 kV 的直流电压挡，其灵敏度为4 000 Ω/V。

(3)“A－V－Ω”表示可测量电流、电压及电阻。

(4)“45－65－1 000 Hz”表示使用频率范围为 1 000 Hz 以下，标准工频范围为 45～65 Hz。

(5)“2000 Ω/VDC”表示直流挡的灵敏度为 2000 Ω/V。

3. 万用表的使用方法

(1)熟悉表盘上各符号的意义及各个旋钮和选择开关的主要作用。

(2)进行机械调零。

(3)根据被测量的种类及大小，选择转换开关的挡位及量程，找出对应的刻度线。

(4)选择表笔插孔的位置。

(5)测量电压。测量电压(或电流)时要选择好量程,如果用小量程去测量大电压,则会有烧表的危险;如果用大量程去测量小电压,那么指针偏转太小,无法读数。量程的选择应尽量使指针偏转到满刻度的2/3左右。如果事先不清楚被测电压的大小时,应先选择最高量程挡,然后逐渐减小到合适的量程。

①交流电压的测量:将万用表的一个转换开关置于交、直流电压挡,另一个转换开关置于交流电压的合适量程上,万用表两表笔和被测电路或负载并联即可。

②直流电压的测量:将万用表的一个转换开关置于交、直流电压挡,另一个转换开关置于直流电压的合适量程上,且"+"表笔(红表笔)接到高电位处,"-"表笔(黑表笔)接到低电位处,即让电流从"+"表笔流入,从"-"表笔流出。若表笔接反,表头指针会反方向偏转,容易撞弯指针。

(6)测电流。测量直流电流时,将万用表的一个转换开关置于直流电流挡,另一个转换开关置于50 μA到500 mA的合适量程上,电流的量程选择和读数方法与电压一样。测量时必须先断开电路,然后按照电流从"+"到"-"的方向,将万用表串联到被测电路中,即电流从红表笔流入,从黑表笔流出。如果误将万用表与负载并联,则因表头的内阻很小,会造成短路烧毁仪表。其读数方法如下:实际值=指示值×量程/满偏。

(7)测电阻。用万用表测量电阻时,应按下列方法:

①机械调零。在使用之前,应该先调节指针定位螺丝使电流示数为零,避免不必要的误差。

②选择合适的倍率挡。万用表欧姆挡的刻度线是不均匀的,所以倍率挡的选择应使指针停留在刻度线较稀的部分,且指针越接近刻度尺的中间,读数越准确。一般情况下,应使指针指在刻度尺的1/3~2/3。

③欧姆调零。测量电阻之前,应将两个表笔短接,同时调节"欧姆(电气)调零旋钮",使指针刚好指在欧姆刻度线右边的零位。如果指针不能调到零位,说明电池电压不足或仪表内部有问题。并且每换一次倍率挡,都要再次进行欧姆调零,以保证测量准确。

④读数:表头的读数乘以倍率,就是所测电阻的电阻值。

(8)注意事项:

①在测电流、电压时,不能带电换量程。

②选择量程时,要先选大的,后选小的,尽量使被测值接近于量程。

③测电阻时,不能带电测量。因为测量电阻时,万用表由内部电池供电,如果带电测量相当于接入一个额外的电源,可能损坏表头。

④用毕,应使转换开关在交流电压最大挡位或空挡上。

⑤注意在欧姆表改换量程时,需要进行欧姆调零,无须机械调零。

任务2-1-11　电工常用材料识别

电工常用材料包括塑料护套线、橡胶护套线、漆包线、铁芯、绝缘胶带、绝缘套管、热缩管和PVC管，如图2-1-14至图2-1-21所示。

图2-1-14　塑料护套线

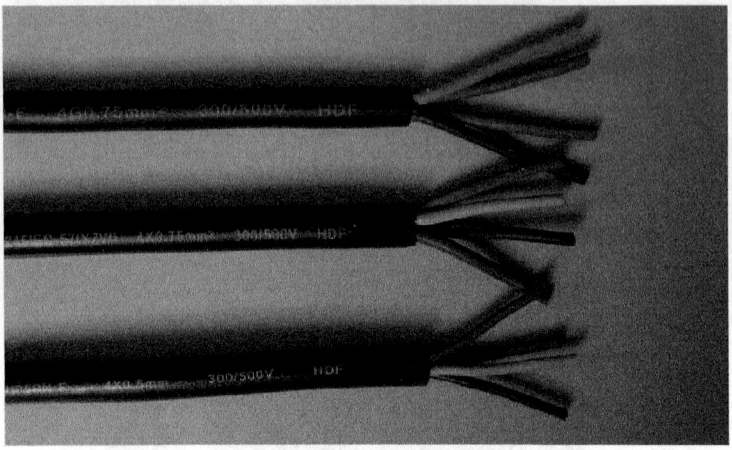

图2-1-15　橡胶护套线

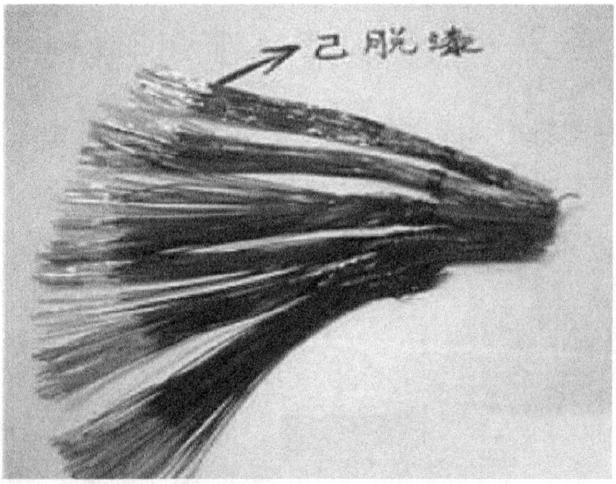

图 2－1－16　漆包线

图 2－1－17　铁芯

图 2－1－18　绝缘胶带

图 2-1-19　绝缘套管

图 2-1-20　热缩管

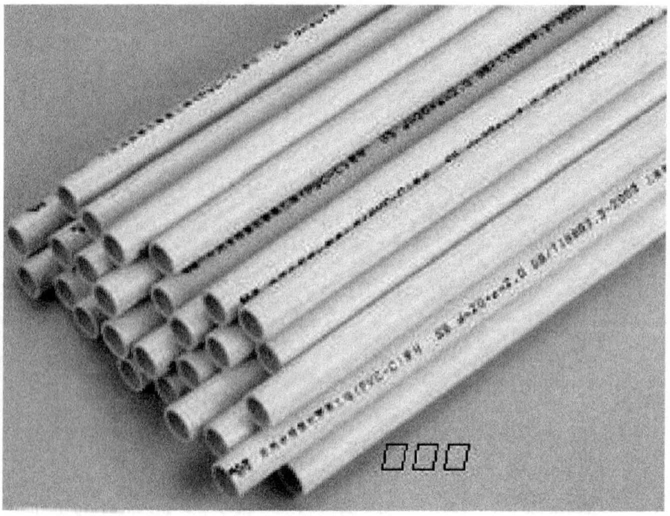

图 2-1-21　PVC 管

项目2－2　导线制作

知识目标

(1)选择适当工具和材料。
(2)完成导线直线连接。
(3)完成导线T形连接。
(4)养成良好的职业素养。

技能目标

(1)树立安全用电与规范操作的职业意识。
(2)遵守实训劳动纪律,养成良好的电工职业素养。
(3)完成单芯导线和多芯导线的直线连接和T形连接。

项目操作准备

(1)穿好工作服、工作鞋,戴好安全帽。
(2)安全教育。
(3)配备相关导线、工量具、电工常用工具等。
(4)检查相关仪器仪表,确保正常使用。
(5)准备相关课堂用书及学习用品。

任务2－2－1　单股铜芯导线的直线连接

单股铜芯导线直线连接步骤如下:
(1)先将两股导线芯线线头成X形相交,如图2－2－1所示。

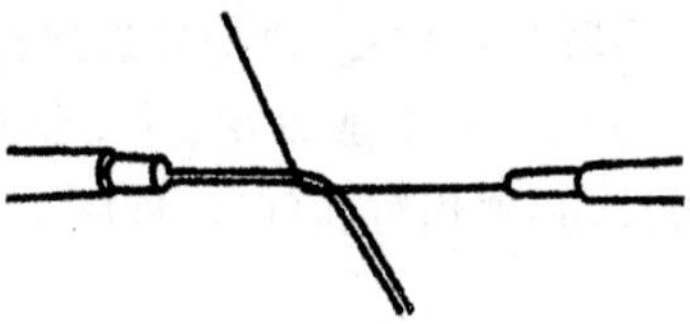

图2－2－1　导线X形相交

(2)互相绞合2~3圈后扳直两线头,如图2－2－2所示。

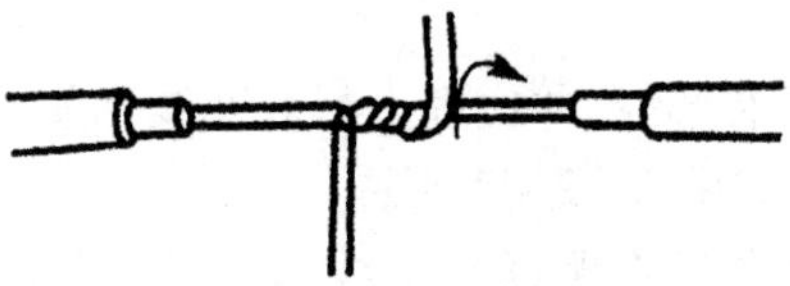

图2－2－2　导线互相绞合

（3）将每个线头在另一芯线上紧贴并绕 6 圈，用钢丝钳切去余下的芯线，并钳平芯线末端，如图 2－2－3 所示。

图 2－2－3　导线连接完成

任务 2－2－2　单股铜芯导线的 T 形连接

单股铜芯导线 T 形连接的步骤如下：

（1）将支路芯线的线头与干线芯线十字相交，在支路芯线根部留出 5 mm，然后顺时针方向缠绕 6～8 圈后，用钢丝钳切去余下的芯线，并钳平芯线末端，如图 2－2－4（a）所示。

（2）小截面的芯线可以不打结，如图 2－2－5（b）所示。

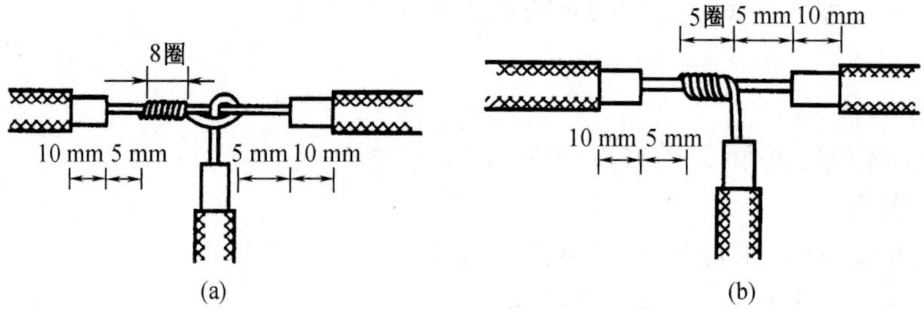

图 2－2－4　单股铜芯导线 T 形连接

（a）步骤（1）；（b）步骤（2）

任务 2－2－3　多股铜芯导线的直线连接

多股铜芯导线直线连接步骤如下：

（1）先将剥去绝缘层的芯线头散开并拉直，再把靠近绝缘层 1/3 线段的芯线绞紧，然后把余下的 2/3 芯线头按图 2－2－5 所示分散成伞状，并将每根芯线拉直。

（2）把两伞骨状线端隔根对叉，必须相对插到底，如图 2－2－6 所示。

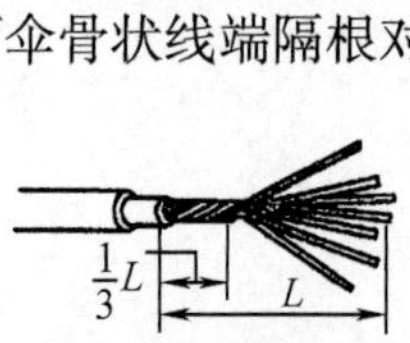

图 2－2－5　多股铜芯导线直线连接步骤（1）

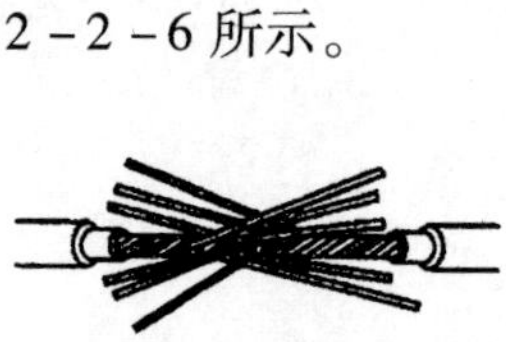

图 2－2－6　多股铜芯导线直线连接步骤（2）

（3）捏平插入后的两侧所有芯线，并应理直每股芯线和使每股芯线的间隔均匀；同时用钢丝钳钳紧插口处消除空隙，如图 2－2－7 所示。

（4）先在一端把邻近两股芯线在距插口中线约 3 根单股芯线直径宽度处折起，并形成 90°，如图 2－2－8 所示。

图 2－2－7　多股铜芯导线直线连接步骤(3)

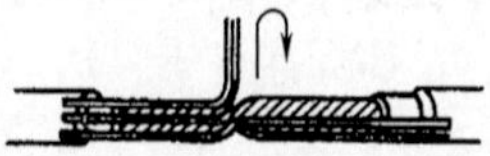

图 2－2－8　多股铜芯导线直线连接步骤(4)

(5)接着把这两股芯线按顺时针方向紧缠两圈后,再折回 90°并平卧在折起前的轴线位置上,如图 2－2－9 所示。

(6)接着把处于紧挨平卧前邻近的两根芯线折成 90°,并按步骤(5)方法加工,如图 2－2－10 所示。

图 2－2－9　多股铜芯导线直线连接步骤(5)

图 2－2－10　多股铜芯导线直线连接步骤(6)

(7)把余下的 3 根芯线按步骤(5)方法缠绕至第 2 圈时,把前 4 根芯线在根部分别切断,并钳平;接着把 3 根芯线缠足 3 圈,然后剪去余端,钳平切口不留毛刺,如图 2－2－11 所示。

(8)另一侧按步骤(4)～(7)方法进行加工,如图 2－2－12 所示。

图 2－2－11　多股铜芯导线直线连接步骤(7)

图 2－2－12　多股铜芯导线直线连接步骤(8)

任务 2－2－4　多股铜芯导线的 T 形连接

多股铜芯导线 T 形连接步骤如下:

(1)将分支芯线散开并拉直,再把紧靠绝缘层 1/8 线段的芯线绞紧,把剩余 7/8 的芯线分成两组,一组 4 根,另一组 3 根,排齐。用旋凿把干线的芯线撬开分为两组,再把支线中 4 根芯线的一组插入干线芯线中间,而把 3 根芯线的一组放在干线芯线的前面,如图 2－2－13 所示。

(2)把 3 根芯线的一组在干线右边按顺时针方向紧紧缠绕 3～4 圈,并钳平线端;把 4 根芯线的一组在干线的左边按逆时针方向缠绕 4～5 圈,如图 2－2－14 所示。

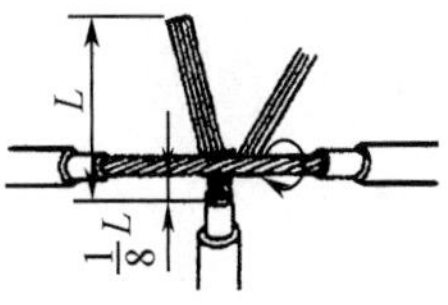

图 2－2－13　多股铜芯导线 T 线连接步骤(1)

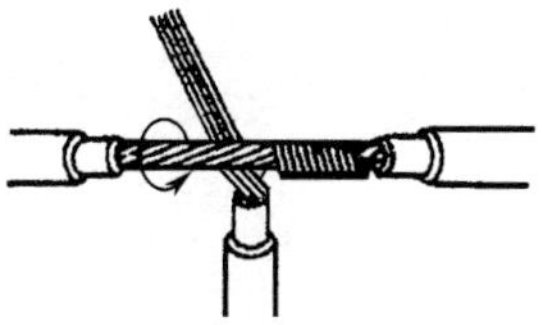

图 2－2－14　多股铜芯导线 T 线连接步骤(2)

(3)钳平线端,如图 2－2－15 所示。

图 2－2－15　多股铜芯导线 T 线连接步骤(3)

第3单元　照明电路的安装和调试

知识目标

(1)认识电气施工图。

(2)熟练使用电工工具及电工材料。

(3)能够识读电气线路原题图,读懂电器安装位置图。

(4)了解照明电路的安装和调试。

(5)树立安全用电的职业意识。

(6)养成良好的职业素养。

技能目标

(1)掌握电工基本接线操作的工艺要求;操作规范、熟练。

(2)通电调试正确无误。

项目操作准备

(1)穿好工作服、工作鞋,戴好安全帽。

(2)安全教育。

(3)配备安装使用的设备、工量具、电工常用工具等。

(4)检查相关仪器仪表,确保正常使用。

(5)准备相关课堂用书及学习用品。

(6)工作过程中要节约使用原材料,且操作一定要规范。

(7)学生必须具有团队合作的精神,以小组的形式完成工作任务。

任务3-0-1 认识电气施工图

电气施工图所涉及的内容往往根据建筑物不同的功能而有所不同,主要有建筑供配电、动力与照明、防雷与接地、建筑弱电等方面,用以表达不同的电气设计容,如图3-0-1至图3-0-4。

1. 电器施工图的特点及组成

(1)图纸目录与设计说明

包括图纸内容、数量、工程概况、设计依据以及图中未能表达清楚的各有关事项。如供电电源的来源、供电方式、电压等级、线路敷设方式、防雷接地、设备安装高度及安装方式、工程主要技术数据、施工注意事项等。

(2)主要材料设备表

包括工程中所使用的各种设备和材料的名称、型号、规格、数量等,它是编制购置设备、材料计划的重要依据之一。

(3)系统图

如变配电工程的供配电系统图、照明工程的照明系统图、电缆电视系统图等。系统图反映了系统的基本组成、主要电气设备、元件之间的连接情况以及它们的规格、型号、参数等。

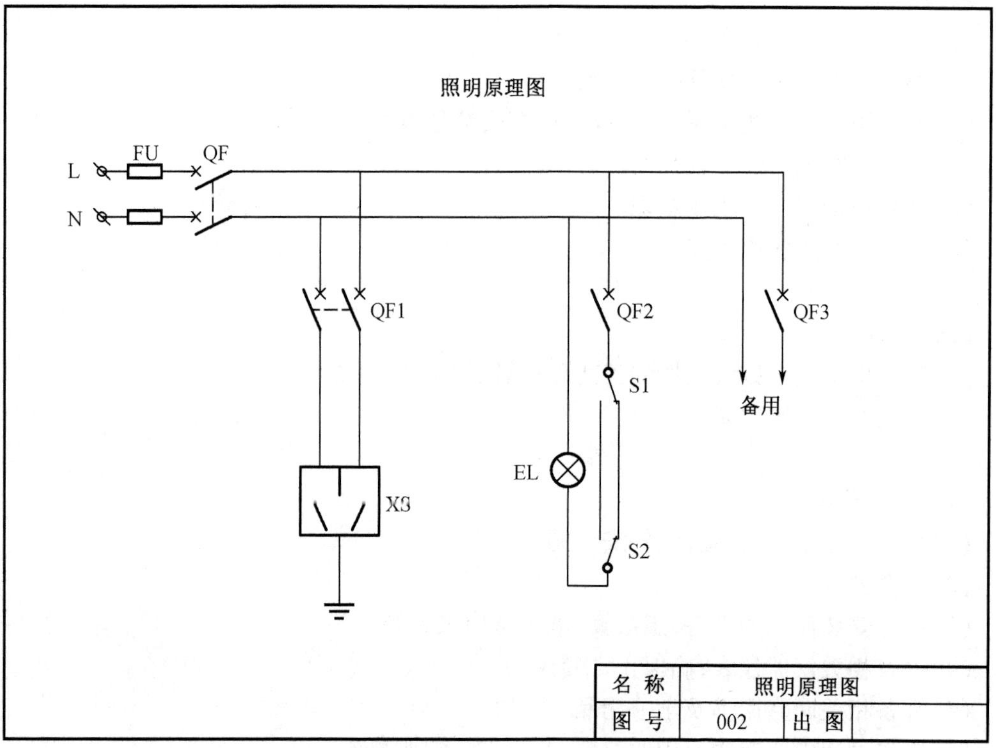

图 3－0－1 照明原理图

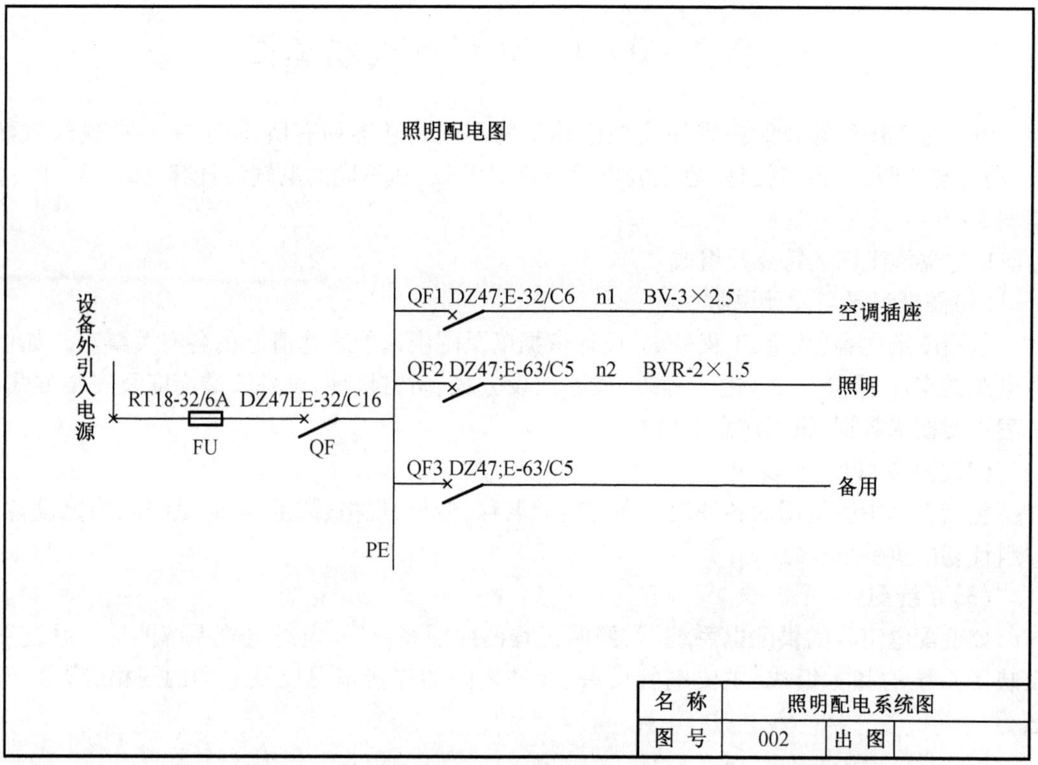

图 3－0－2 照明配电图

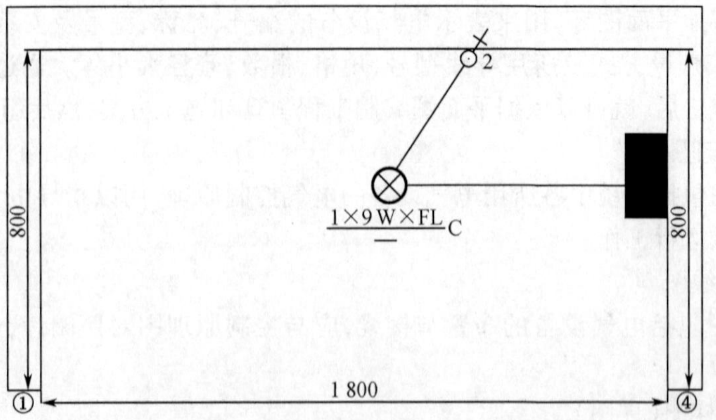

说明：1. 此图为俯视图，图中①、④ 位置同图的①、④ 位置
　　　2. 平面图中未注明的导线均为 2 根

名 称	照明平面图		
图 号	001	出 图	

图 3－0－3　照明平面图

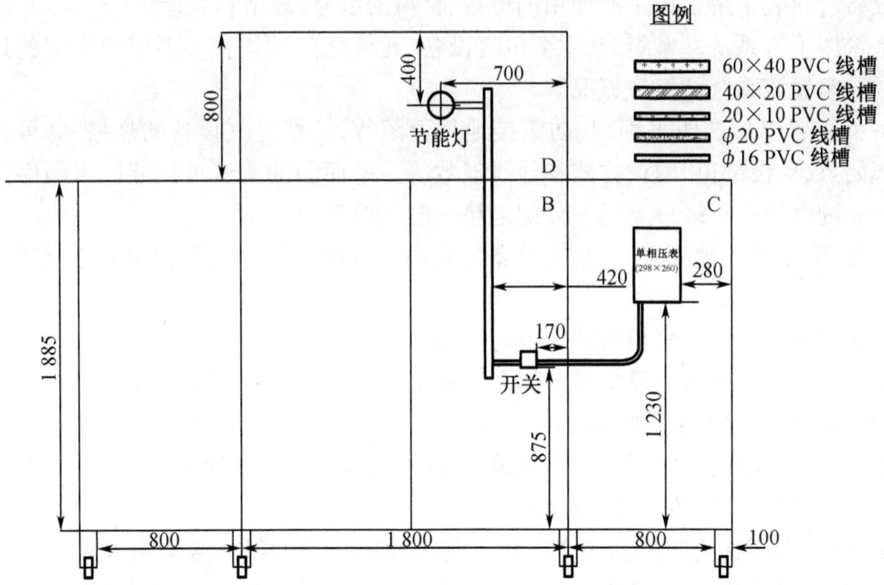

说明：1.A、B、C、D 为安装支架，由钢制多孔板制成 ④ 位置
　　　2. 实际安装位置与标尺寸允许有±5 mm 误差

名 称	照明施工示意图		
图 号	001	出 图	

图 3－0－4　照明施工图

(4)平面布置图

平面布置图是电气施工图中的重要图纸之一,如变、配电所电气设备安装平面图,照明平面图和防雷接地平面图等,用来表示电气设备的编号、名称、型号及安装位置、线路的起始点、敷设部位、敷设方式及所用导线型号、规格、根数、管径大小等。通过阅读系统图,了解系统基本组成之后,就可以依据平面图编制工程预算和施工方案,然后组织施工。

(5)控制原理图

控制原理图包括系统中各所用电气设备的电气控制原理,用以指导电气设备的安装和控制系统的调试运行工作。

(6)安装接线图

安装接线图包括电气设备的布置与接线,应与控制原理图对照阅读,进行系统的配线和调校。

(7)安装大样图(详图)

安装大样图是详细表示电气设备安装方法的图纸,对安装部件的各部位注有具体图形和详细尺寸,是进行安装施工和编制工程材料计划时的重要参考。

2. 电气施工图的阅读方法

(1)熟悉电气图例符号,弄清图例、符号所代表的内容。常用的电气工程图例及文字符号可参见国家颁布的《电气图形符号标准》。

(2)针对一套电气施工图,一般应先按以下顺序阅读,然后再对某部分内容进行重点识读。

①看标题栏及图纸目录了解工程名称、项目内容、设计日期及图纸内容、数量等。

②看设计说明了解工程概况、设计依据等,了解图纸中未能表达清楚的各有关事项。

③看设备材料表了解工程中所使用的设备、材料的型号、规格和数量。

④看系统图了解系统基本组成,主要电气设备、元件之间的连接关系以及它们的规格、型号、参数等,掌握该系统的组成概况。

⑤看平面布置图如照明平面图、防雷接地平面图等,了解电气设备的规格、型号、数量及线路的起始点、敷设部位、敷设方式和导线根数等。平面图的阅读可按照以下顺序进行:电源进线—总配电箱—干线—支线—分配电箱—电气设备。

⑥看控制原理图了解系统中电气设备的电气自动控制原理,以指导设备安装调试工作。

⑦看安装接线图了解电气设备的布置与接线。

⑧看安装大样图了解电气设备的具体安装方法、安装部件的具体尺寸等。

(3)抓住电气施工图要点进行识读:

①明确各配电回路的相序、路径、管线敷设部位、敷设方式以及导线的型号和根数;

②明确电气设备、器件的平面安装位置。

(4)结合土建施工图进行阅读。电气施工与土建施工结合得非常紧密,施工中常常涉及各工种之间的配合问题。电气施工平面图只反映了电气设备的平面布置情况,结合土建施工图的阅读还可以了解电气设备的立体布设情况。

(5)熟悉施工顺序,便于阅读电气施工图。如识读配电系统图、照明与插座平面图时,就应首先了解室内配线的施工顺序:

①根据电气施工图确定设备安装位置、导线敷设方式、敷设路径及导线穿墙或楼板的位置；

②结合土建施工进行各种预埋件、线管、接线盒、保护管的预埋；

③装设绝缘支持物、线夹等，敷设导线；

④安装灯具、开关、插座及电气设备；

⑤进行导线绝缘测试、检查及通电试验；

⑥工程验收。

（6）识读时，施工图中各图纸应协调配合阅读。

对于具体工程来说，为说明配电关系时需要有配电系统图；为说明电气设备、器件的具体安装位置时需要有平面布置图；为说明设备工作原理时需要有控制原理图；为表示元件连接关系时需要有安装接线图；为说明设备、材料的特性、参数时需要有设备材料表等。这些图纸各自的用途不同，但相互之间是有联系并协调一致的。在识读时应根据需要，将各图纸结合起来识读，以达到对整个工程或分部项目全面了解的目的。

任务3－0－2　照明电路安装

学习目标

（1）知道交流电路中相线、火线、中性线的定义及相电压、线电压之间的关系等常识性知识。

（2）在完成工作任务的过程中，学会正确和合理使用电工工具和仪表，并做好维护和保养工作。

（3）能够根据照明电路的原理图和安装图，正确安装照明电路。

（4）熟练掌握导线的剖削和连接方法及照明元器件的安装和接线工艺。

（5）在完成照明电路安装的同时，能检测和排除照明电路的故障。

（6）在工作过程中严格遵守电工安全操作规程，时刻注意安全用电和节约原材料。

（7）培养学生团队合作、爱护工具、爱岗敬业、吃苦耐劳的精神。

实训任务

在电工实训板上设计并安装一个由单相电能表、漏电保护器、熔断器、日光灯、白炽灯、节能灯、若干开关和插座等元器件组成的简单照明电路，要求安装的照明电路走线规范，布局美观、合理；安装的照明电路可以正常工作，并能排除常见的照明电路故障。

具体任务要求

（1）学生可根据参考电路原理图进行照明电路的安装。

（2）学生可以自行设计照明电路，元器件可以自选，但不可少于参考照明电路中的元器件。开关和插座的数量学生可以自选。日关灯和白炽灯的控制，学生即可以选择单控开关也可以选择双控开关。

（3）照明电路的布局学生可以自行设计，但是要求布局合理、结构紧凑、走线合理，做到横平竖直，整齐，导线避免交叉、架空线和叠线。导线变换走向要垂直，并做到高低一致或前后一致。

实训要求

(1)学生必须掌握交流电路的常识性知识。

(2)学生必须学会正确和合理使用电工工具和仪表,并做好维护和保养工作。

(3)学会各种照明元器件的安装和接线方法。

(4)工作过程中要节约使用原材料,且操作一定要规范。

(5)实施过程中,必须时刻注意安全用电,严禁带电作业,严格遵守安全操作规程。

(6)按任务要求完成照明电路的安装和调试的工作任务。

(7)学生必须具有团队合作的精神,以小组的形式完成工作任务。

(8)爱护工具和仪表,损坏需按价赔偿。

(9)学生应树立职业意识,并按照企业的“6S”(整理、整顿、清扫、清洁、素养、安全)质量管理体系要求自己。

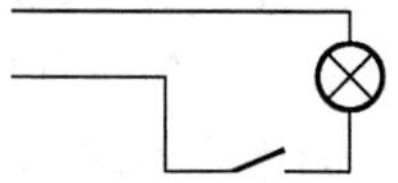

图 3-0-5　单控照明电路安装

1. 常见照明线路

常见照明电路安装如图 3-0-5 和图 3-0-6。

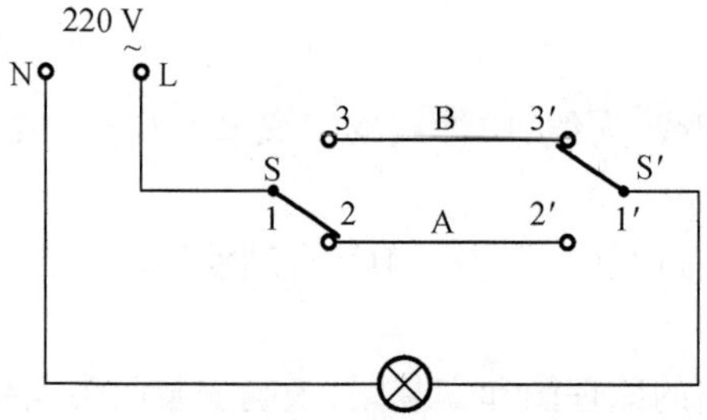

图 3-0-6　双控照明电路安装

用一只单联开关来控制楼道口的灯,无论是装在楼上还是楼下,开灯和关灯都不方便,装在楼下,上楼时开灯方便,到楼上就无法关灯;反之,装在楼上同样不方便。因此,为了方便和节约用电,就在楼上、楼下各装一只双联开关来同时控制楼道口的这盏灯,这就是用两只双联开关控制一只白炽灯电路。

2. 照明设备的安装

照明电路的组成包括电源的引入、单相电能表、漏电保护器、熔断器、插座、灯头、开关、照明灯具和各类电线及配件辅料。

(1)照明开关和插座的接线

①照明开关是控制灯具的电气元件,起控制照明电灯的亮与灭的作用(即接通或断开照明线路)。开关有明装和暗装之分,现代家庭一般是暗装开关,如图 3-0-7 所示。

②根据电源电压的不同,插座可分为三相四孔插座和单相三孔或二孔插座;家庭一般都是单相插座,实验室一般要安装三相插座。根据安装形式不同,插座又可分为明装式和暗装式,现代家庭一般都是暗装插座。单相两孔插座有横装和竖装两种。横装时,接线原则是左零右相;竖装时,接线原则是上相下零;单相三孔插座的接线原则是左零右相上接地。另外在接线时也可根据插座后面的标识,L 端接相线,N 端接零线,E 端接地线。

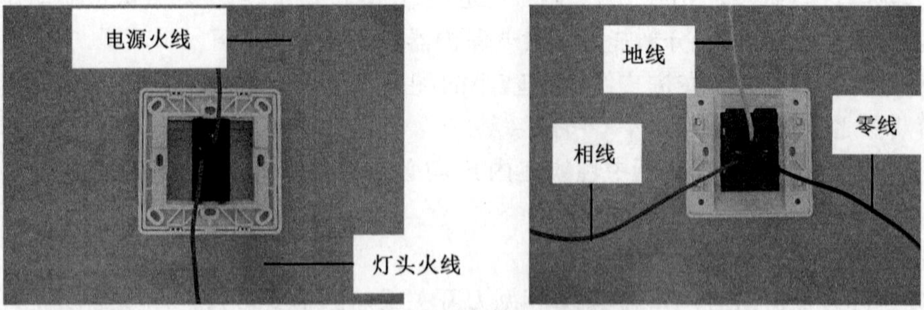

图 3 -0 -7　照明开关和插座的接线

注意:根据标准规定,相线(火线)是红色线,零线(中性线)是黑色线,接地线是黄绿双色线。

(2)照明开关和插座的安装

首先在准备安装开关和插座的地方钻孔,然后按照开关和插座的尺寸安装线盒,接着按接线要求,将盒内甩出的导线与开关、插座的面板连接好,将开关或插座推入盒内对正盒眼,用螺丝固定。固定时要使面板端正,并与墙面平齐,如图 3 -0 -8 所示。

图 3 -0 -8　照明开关和插座的安装

(3)灯座(灯头)的安装

插口灯座上的两个接线端子,可任意连接零线和来自开关的相线;但是螺口灯座上的接线端子,必须把零线连接在连通螺纹圈的接线端子上,把来自开关的相线连接在连通中心铜簧片的接线端子上,如图 3 -0 -9 所示。

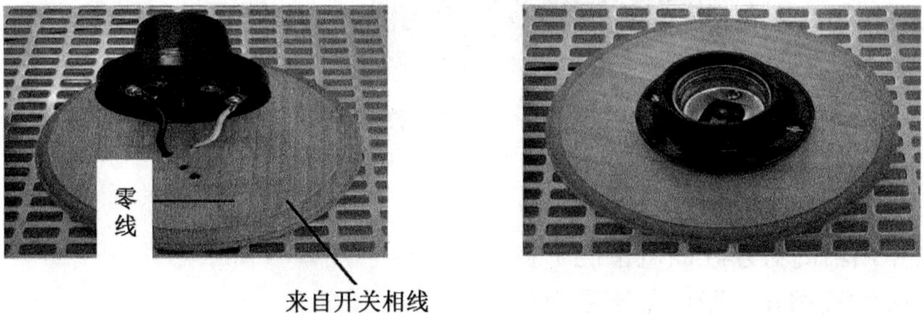

图 3 -0 -9　灯座(灯头)的安装

(4)漏电保护器的接线

电源进线必须接在漏电保护器的正上方,即外壳上标有“电源”或“进线”端;出线均接在下方,即标有“负载”或“出线”端。倘若把进线、出线接反了,将会导致保护器动作后烧毁线圈或影响保护器的接通、分断能力。漏电保护器的安装步骤如下:

①漏电保护器应安装在进户线截面较小的配电盘上或照明配电箱内。安装在电度表之后,熔断器之前。

②所有照明线路导线(包括中性线在内),均必须通过漏电保护器,且中性线必须与地绝缘。

③应垂直安装,倾斜度不得超过5°。

④安装漏电保护器后,不能拆除单相闸刀开关或熔断器等。这样一是维修设备时有一个明显的断开点;二是在刀闸或熔断器起着短路或过负荷保护作用,如图3-0-10所示。

图3-0-10　漏电保护器的接线

(5)熔断器的安装

低压熔断器广泛用于低压供配电系统和控制系统中,主要用作电路的短路保护,有时也可用于过负载保护。常用的熔断器有瓷插式、螺旋式、无填料封闭式和有填料封闭式。使用时串联在被保护的电路中,当电路发生短路故障,通过熔断器的电流达到或超过某一规定值时,熔断器以其自身产生的热量使熔体熔断,从而自动分断电路,起到保护作用,如图3-0-10所示。

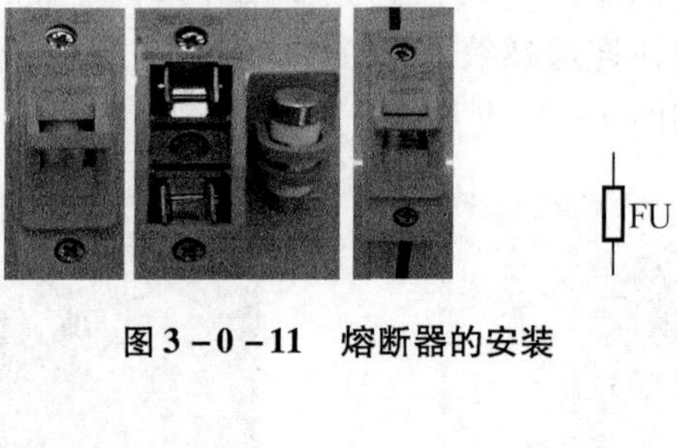

图3-0-11　熔断器的安装

熔断器的安装要点:

①安装熔断器时必须在断电情况下操作。

②安装位置及相互间距应便于更换熔件。

③应垂直安装,并应能防止电弧飞溅到临近带电体上。

④螺旋式熔断器在接线时,为了更换熔断管时安全,下接线端应接电源,而连螺口的上接线端应接负载。

⑤瓷插式熔断器安装熔丝时,熔丝应顺着螺钉旋紧方向绕过去,同时注意不要划伤熔

丝,也不要把熔丝绷紧,以免减小熔丝截面尺寸或拉断熔丝。

⑥有熔断指示的熔管,其指示器方向应装在便于观察侧。

⑦更换熔体时应切断电源,并应换上相同额定电流的熔体,不能随意加大熔体。

⑧熔断器应安装在线路的各相线(火线)上,在三相四线制的中性线上严禁安装熔断器;单相二线制的中性线上应安装熔断器。

3. 按图施工

(1)画尺寸

根据照明施工示意图,在墙面上画好尺寸线,如图 3－0－12 所示。

图 3－0－12　画尺寸线

(2)固定

根据已经画好的尺寸线,先固定好电源箱、开关盒以及节能灯座,如图 3－0－13 至图 3－0－15所示。

(3)弯管子

根据照明施工图,利用弹簧弯出图中所示管子并安装。注意管子在连接箱体时必须先做鸭脖弯,如图 3－0－16 至图 3－0－18。

(4)线槽安装

根据照明施工图,使用锯弓锯出图中所示线槽,并安装,如图 3－0－19 至图 3－0－21 所示。

图 3 - 0 - 13　线槽安装(1)

图 3 - 0 - 14　线槽安装(2)

图 3 - 0 - 15　线槽安装(3)

图 3-0-16　线槽安装(4)

图 3-0-17　线槽安装(5)

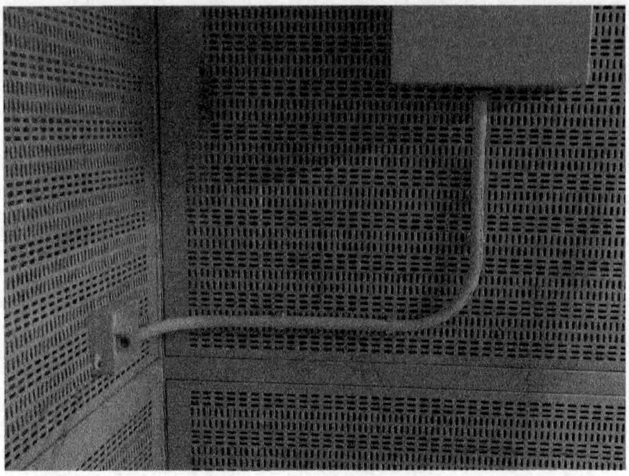

图 3-0-18　线槽安装(6)

图 3 -0 -19　线槽安装(7)

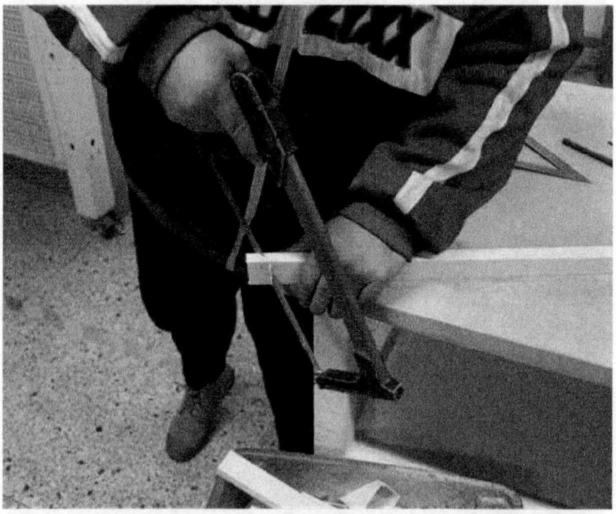

图 3 -0 -20　线槽安装(8)

图 3 -0 -21　线槽安装(9)

(5)布线

根据照明平面图,按照“从上到下,从左到右”的原则,将从节能灯到按钮及电源箱之间的线路布好,如图3-0-22至图3-0-25所示。

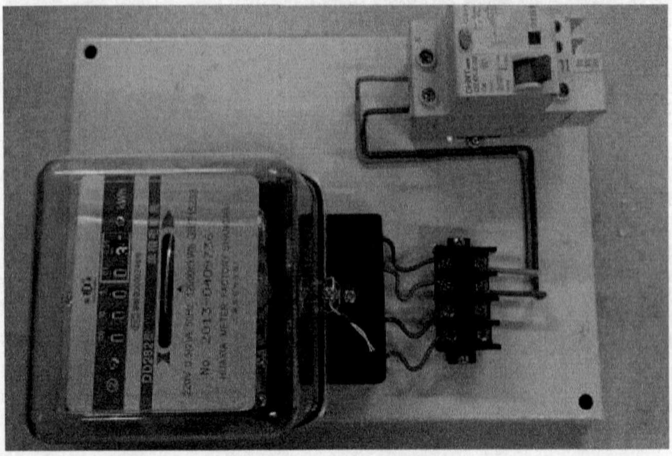

图3-0-22　布线(1)

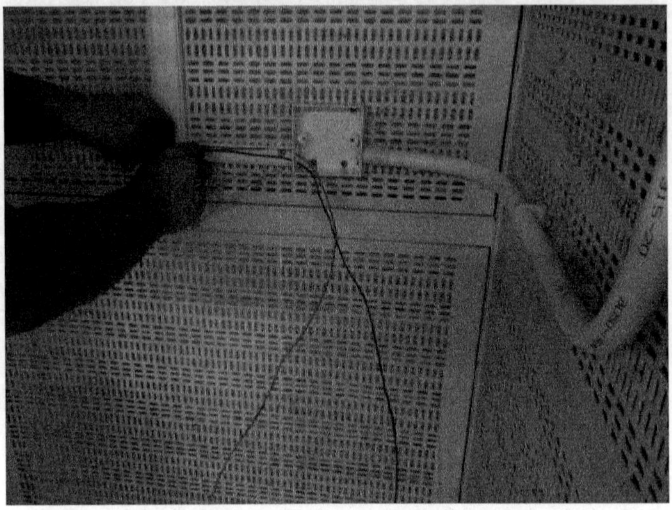

图3-0-23　布线(2)

(6)自检质量

按电路图检查导线连接的正确性,从电源开始逐段校对接线有无漏接、错接,压接是否牢固,接触是否良好;用万用表分别检查电路有无短路或断路现象。

(7)布线的方法

布线的敷设方式分为明敷及暗敷两种。两者是以线路在敷设以后,能否为人们用肉眼直接观察到而区分。布线方式的确定,主要取决于建筑物的环境特征。当几种布线方式能同时满足环境特征要求时,则应根据建筑物的性质、要求及用电设备的分布等因素综合考虑,决定合理的布线及敷设方式。

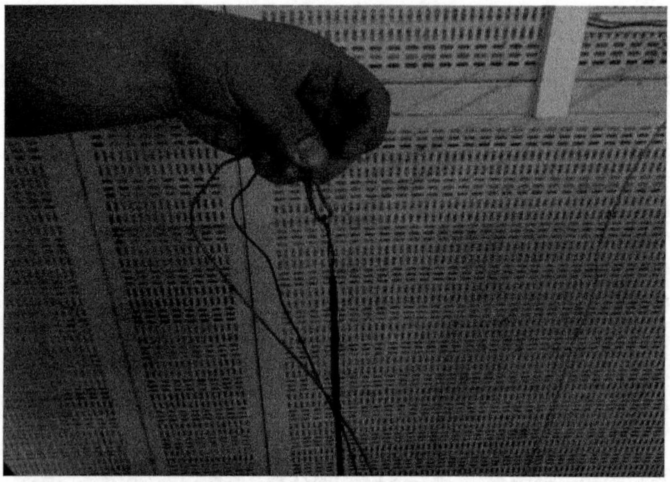

图 3－0－24　布线(3)

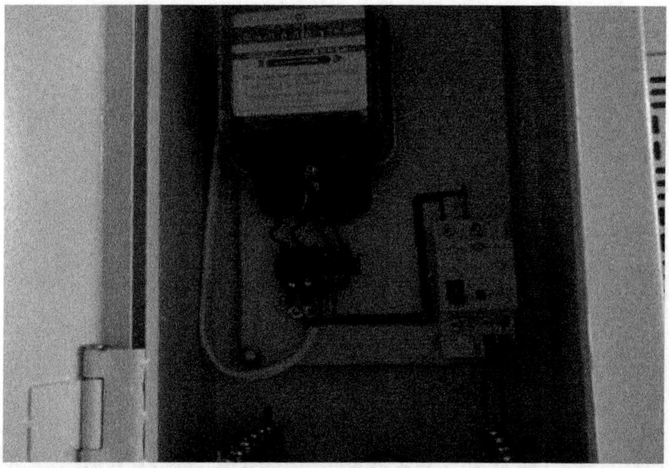

图 3－0－25　布线(4)

①导线明敷设

导线直接(或者在管子、线槽等保护体内)敷设于墙壁、顶棚、地坪及楼板等内部,或者在混凝土板孔内敷线称为明敷设。一些老式的建筑物明敷设是采用瓷夹板、瓷瓶配线等。明敷设一般看得见、摸得着,容易检修。

②导线暗敷设

敷设在墙内、地板内或建筑物顶棚内的布线称为暗敷。暗敷通常是先预埋管子,以后再向管内穿线。在不能进人的吊顶内穿管敷设属于隐蔽工程,但是套施工定额时是按明敷设,因为材料使用及安装方法是明敷设做法。

(8)手锯使用

手锯锯条多用碳素工具钢和合金工具钢制成,并经热处理淬硬。手锯在使用中,锯条折断是造成伤害的主要原因。

①应根据所加工材料的硬度和厚度去正确地选用锯条;锯条安装的松紧要适度,根据

手感应随时调整。

②被锯割的工件要夹紧,锯割中不能有位移和振动;锯割线离工件支承点要近。

③锯割时要扶正锯弓,防止歪斜,起锯要平稳,起锯角不应过大,角度过大时,锯齿易被工件卡夹。

④锯割时,向前推锯时双手要适当地加力;向后退锯时,应将手锯略微抬起,不要施加压力。用力的大小应根据被割工件的硬度而确定,硬度大的可加力大些,硬度小的可加力小些。

⑤安装或调换新锯条时,必须注意保证锯条的齿尖方向要朝前;锯割中途调换新条后,应调头锯割,不宜继续沿原锯口锯割。

4. 照明电路安装要求

(1)照明电路安装的技术要求

①灯具安装的高度,室外一般不低于 3 m,室内一般不低于 2.5 m。

②照明电路应有短路保护。照明灯具的相线必须经开关控制,螺口灯头中心处应接相线,螺口部分与零线连接。不准将电线直接焊在灯泡的接点上使用。绝缘损坏的螺口灯头不得使用。

③室内照明开关一般安装在门边便于操作的位置,拉线开关一般应离地 2 ~ 3 m,暗装翘板开关一般离地 1.3 m,与门框的距离一般为 0.15 ~ 0.20 m。

④明装插座的安装高度一般应离地 1.3 ~ 1.5 m。暗装插座一般应离地 0.3 m,同一场所暗装的插座高度应一致,其高度相差一般应不大于 5 mm,多个插座成排安装时,其高度应不大于 2 mm。

⑤照明装置的接线必须牢固,接触良好,接线时,相线和零线要严格区别,将零线接灯头上,相线须经过开关再接到灯头。

⑥应采用保护接地(接零)的灯具金属外壳,要与保护接地(接零)干线连接完好。

⑦灯具安装应牢固,灯具质量超过 3 kg 时,必须固定在预埋的吊钩或螺栓上。软线吊灯的质量限于 1 kg 以下,超过时应加装吊链。固定灯具需用接线盒及木台等配件。

⑧照明灯具须用安全电压时,应采用双圈变压器或安全隔离变压器,严禁使用自耦(单圈)变压器。安全电压额定值的等级为 42 V、36 V、24 V、12 V、6 V。

⑨灯架及管内不允许有接头。

⑩导线在引入灯具处应有绝缘保护,以免磨损导线的绝缘,也不应使其承受额外的拉力;导线的分支及连接处应便于检查。

(2)照明电路安装的具体要求

①布局:根据设计的照明电路图,确定各元器件安装的位置,要求符合要求,布局合理,结构紧凑,控制方便,美观大方。

②固定器件:将选择好的器件固定在网板上,排列各个器件时必须整齐。固定的时候,先对角固定,再两边固定。要求元器件固定可靠,牢固。

③布线:先处理好导线,将导线拉直,消除弯、折,布线要横平竖直,整齐,转弯成直角,并做到高低一致或前后一致,少交叉,应尽量避免导线接头。多根导线并拢平行走,而且在走线的时候按照"左零右火"的原则(即左边接零线,右边接火线)布线。

④接线:由上至下,先串后并;接线正确,牢固,各接点不能松动,敷线平直整齐,无漏铜、反圈、压胶,每个接线端子上连接的导线根数一般不超过两根,绝缘性能好,外形美观。

红色线接电源为火线(L),黑色线为接零线(N),黄绿双色线专作地线(PE);火线过开关,零线一般不进开关;电源火线进线接单相电能表端子“1”,电源零线进线接端子“3”,端子“2”为火线出线,端子“4”为零线出线。进出线应合理汇集在端子排上。

⑤检查线路:用肉眼观看电路,看有没有接出多余线头。参照设计的照明电路安装图检查每条线是否严格按要求来接,每条线有没有接错位,注意电能表有无接反,漏电保护器、熔断器、开关、插座等元器件的接线是否正确。

⑥通电:送电由电源端开始往负载依次顺序送电,先合上漏电保护器开关,然后合上控制白炽灯的开关,白炽灯正常发亮;合上控制日关灯开关,日光灯正常发亮;插座可以正常工作,电能表根据负载大小决定表盘转动快慢,负荷大时,表盘就转动快,用电就多。

⑦故障排除:操作各功能开关时,若不符合要求,应立即停电,判断照明电路的故障,可以用万用表欧姆挡检查线路,要注意人身安全和万用表挡位。

任务3-0-3 照明电路调试

对已经完成安装敷设的照明电路进行通电调试,通电调试前注意:老师必须在旁指导,不然不得私自通电。

照明电路的常见故障主要有断路、短路和漏电三种。

1.断路

相线、零线均可能出现断路。断路故障发生后,负载将不能正常工作。三相四线制供电线路负载不平衡时,如零线断线会造成三相电压不平衡,负载大的一相相电压低,负载小的一相相电压增高,如负载是白炽灯,则会出现一相灯光暗淡,而接在另一相上的灯又变得很亮,同时零线断路负载侧将出现对地电压。

(1)产生断路的原因

产生断路的原因主要是熔丝熔断、线头松脱、断线、开关没有接通、铝线接头腐蚀等。

(2)断路故障的检查

如果一个灯泡不亮而其他灯泡都亮,应首先检查是否灯丝烧断;若灯丝未断,则应检查开关和灯头是否接触不良、有无断线等。为了尽快查出故障点,可用验电器测灯座(灯头)的两极是否有电,若两极都不亮说明相线断路;若两极都亮(带灯泡测试),说明中性线(零线)断路;若一极亮一极不亮,说明灯丝未接通。对于日光灯来说,应对启辉器进行检查。如果几盏电灯都不亮,应首先检查总保险是否熔断或总闸是否接通,也可按上述方法及验电器判断故障。

2.短路

短路故障表现为熔断器熔丝爆断;短路点处有明显烧痕、绝缘炭化,严重的会使导线绝缘层烧焦甚至引起火灾。

造成短路的原因:

(1)用电器具接线不好,以致接头碰在一起。

(2)灯座或开关进水,螺口灯头内部松动或灯座顶芯歪斜碰及螺口,造成内部短路。

(3)导线绝缘层损坏或老化,并在零线和相线的绝缘处碰线。

当发现短路打火或熔丝熔断时应先查出发生短路的原因,找出短路故障点,处理后更换保险丝,恢复送电。

3. 漏电

漏电不但造成电力浪费,还可能造成人身触电伤亡事故。

产生漏电的原因:主要有相线绝缘损坏而接地、用电设备内部绝缘损坏使外壳带电等。

漏电故障的检查:漏电保护装置一般采用漏电保护器。当漏电电流超过整定电流值时,漏电保护器动作切断电路。若发现漏电保护器动作,则应查出漏电接地点并进行绝缘处理后再通电。照明线路的接地点多发生在穿墙部位和靠近墙壁或天花板等部位。查找接地点时,应注意查找这些部位。

(1)判断是否漏电

在被检查建筑物的总开关上接一只电流表,接通全部电灯开关,取下所有灯泡,进行仔细观察。若电流表指针摇动,则说明漏电。指针偏转的多少,取决于电流表的灵敏度和漏电电流的大小。若偏转多则说明漏电大,确定漏电后可按下一步继续进行检查。

(2)判断漏电类型

判断是火线与零线间的漏电,还是相线与大地间的漏电,或者是两者兼而有之。以接入电流表检查为例,切断零线,观察电流的变化:电流表指示不变,是相线与大地之间漏电;电流表指示为零,是相线与零线之间的漏电;电流表指示变小但不为零,则表明相线与零线、相线与大地之间均有漏电。

(3)确定漏电范围

取下分路熔断器或拉下开关刀闸,电流表若不变化,则表明是总线漏电;电流表指示为零,则表明是分路漏电;电流表指示变小但不为零,则表明总线与分路均有漏电。

(4)找出漏电点

按前面介绍的方法确定漏电的分路或线段后,依次拉断该线路灯具的开关,当拉断某一开关时,电流表指针回零或变小,若回零则是这一分支线漏电,若变小则除该分支漏电外还有其他漏电处;若所有灯具开关都拉断后,电流表指针仍不变,则说明是该段干线漏电。

4. 白炽灯常见故障与处理方法

白炽灯常见故障与处理方法见表3-0-1。

表3-0-1　白炽灯常见故障与处理方法

故障现象	造成原因	处理方法
灯泡不亮	灯泡灯丝已断或灯座引线断开	更换灯泡或灯头
	灯头或开关处的接线接触不良	查明原因,加以紧固
	线路断路	检查并接通线路
	电源熔丝烧断	查明原因并重新更换
灯泡忽亮忽暗或忽亮忽熄	灯头或开关处接线松动	查明原因,加以紧固
	熔丝接触不良	加以紧固或更换
	灯丝与灯泡内电极忽接忽离	更换灯泡
	电源电压不正常	采取措施,稳定电源电压

表 3－0－1(续)

故障现象	造成原因	处理方法
灯泡特亮	灯泡断丝后搭丝(短路),使电流增大	更换灯泡
	灯泡额定电压与线路电压不符	更换灯泡
	电源电压过高	检查原因,排除线路故障
灯光暗淡	灯泡陈旧,灯丝蒸发变细,电流减小	更换灯泡
	灯泡额定电压与线路电压不符	更换灯泡
	电源电压过低	采取措施,提高电源电压
	线路因潮湿或绝缘损坏有漏电现象	检查线路,更换电线

5. 荧光灯常见故障与处理方法

荧光灯常见故障与处理方法见表 3－0－2。

表 3－0－2　荧光灯常见故障与处理方法

故障现象	造成原因	处理方法
不能发光或启动困难	电源电压太低或线路压降太大	调整电源电压,更换线路导线
	启辉器损坏或内部电容击穿	更换启辉器
	新装的灯接线有错误	检查接线,改正错误
	灯丝断丝或灯管漏气	检查后更换灯管
	灯座与灯脚接触不良	检查接触点,加以紧固
	镇流器选配不当或内部断路	检查修理或更换镇流器
	气温过低	加热灯管
灯管两头发光及灯光抖动	新装的灯接线有错误	检查线路改正错误
	启辉器内部触点合并或电容击穿	更换启辉器
	镇流器选配不当或内部接线松动	检查修理或更换镇流器
	电源电压太低或线路压降太大	调整电源电压,更换线路导线
	灯座与灯脚接触不良	检查接触点,加以紧固
	灯管老化,灯丝不能起放电作用	更换灯管
	气温过低	加热灯

表3－0－2(续)

故障现象	造成原因	处理方法
灯管两头发黑或生黑斑	灯管老化,荧光粉烧坏	更换灯管
	启辉器损坏	更换启辉器
	镇流器选配不当,电流过大	更换镇流器
	电源电压太高	调整电源电压
	因接触不良而长期闪烁	紧固接线
	灯管内水银蒸气凝结,细灯管较易产生	灯管亮后自行蒸发或将灯管扭转180°
	灯管老化,发光效率降低	更换灯管
灯管亮度降低	气温过低或冷风直接吹在灯管上	加防护罩或回避冷风
	电源电压太低或线路压降太大	调整电源电压或更换线路导线
	灯管上污垢太多	清除污垢

第 4 单元　动力线路的安装与调试

项目 4－1　低压电器及配电箱的安装

知识目标

(1)认识低压电器。

(2)熟练安装三相动力配电箱。

(3)能够熟练掌握动力配电箱的明线敷设和接线。

(4)树立安全用电的职业意识。

(5)养成良好的职业素养。

技能目标

(1)掌握电工基本接线操作的工艺要求;操作规范、熟练。

(2)通电调试正确无误。

项目操作准备

(1)穿好工作服、工作鞋,戴好安全帽。

(2)安全教育。

(3)配备安装使用的设备、工量具、电工常用工具等。

(4)检查相关仪器仪表,确保正常使用。

(5)准备相关课堂用书及学习用品。

(6)工作过程中要节约使用原材料,且操作一定要规范。

(7)学生必须具有团队合作的精神,以小组的形式完成工作任务。

任务 4－1－1　低压电器的基本知识

低压电器是指用在交流 50 Hz、额定电压 1 200 V 以下及直流额定电压 1 500 V 以下的电路中,能根据外界的信号和要求,手动或自动地接通、断开电路,以实现对电路或电气设备的切换、控制、保护、检测和调节的工业电器。低压电器作为基本控制电器,广泛应用于输配电系统和自动控制系统,在工农业生产、交通运输和国防工业中起着极其重要的作用。目前,低压电器正朝着小型化、模块化、组合化和高性能化发展。

1. 低压电器的分类

(1)按动作原理分为手动电器和自动电器。

①手动电器

这类电器的动作是由工作人员手动操纵的,如刀开关、组合开关及按钮等。

②自动电器

这类电器是按照操作指令或参量变化自动动作的,如接触器、继电器、熔断器和行程开关等。

(2)按用途和所控制的对象分类

①低压控制电器

其主要用于设备电气控制系统,用于各种控制电路和控制系统的电器,如接触器、继电器、电动机启动器等。

②低压配电器

其主要用于低压配电系统中,用于电能的输送和分配的电器,如刀开关、转换开关、熔断器和自动开关、低压断路器等。

③低压主令电器

其主要用于自动控制系统中发送动作指令的电器,如按钮、转换开关等。

④低压保护电器

其主要用于保护电源、电路及用电设备,使它们不致在短路、过载等状态下运行遭到损坏的电器,如熔断器、热继电器等。

⑤低压执行电器

其主要用于完成某种动作或传送功能的电器,如电磁铁、电磁离合器等。

(3)按工作环境分类

①一般用途低压电器

其是指用于海拔高度不超过 2 000 m,周围环境温度在 -25 ~40 ℃之间,空气相对湿度为 90%,安装倾斜度不大于 5°,无爆炸危险的介质及无显著摇动和冲击振动的场合的电器。

②特殊用途低压电器

是指在特殊环境和工作条件下使用的各类低压电器,通常是在一般用途低压电器的基础上派生而成的,如防爆电器、船舶电器、化工电器、热带电器、高原电器以及牵引电器等。

2. 低压电器的组成

低压电器的组成一般由感受部分和执行部分组成,感受部分感受外界的信号并做出有规律的反应,在自动切换电器中,感受部分大多由电磁机构组成,如交流接触器的线圈、铁芯和衔铁构成电磁机构,在手动电器中,感受部分通常为操作手柄,如主令控制器由手柄和凸轮块组成感受部分。执行部分根据指令要求,执行电路接通、断开等任务,如交流接触器的触点连同灭弧装置。对自动开关类的低压电器,还具有中间(传递)部分,它的任务是把感受和执行两部分联系起来,使它们协同一致,按一定的规律动作。

3. 低压电器的性能指标

低压电器的性能参数主要包括额定电压、额定电流、通断能力、电气寿命和机械寿命等。

(1)额定电压

低压电器在规定条件下长期工作时,能保证电器正常工作的电压值,通常是指主触点的额定电压。有电磁机构的控制电器还规定了吸引线圈的额定电压。

(2)额定电流

额定电流是保证电器能正常工作的电流值。同一电器在不同的使用条件下,有不同的额定电流等级。

(3)通断能力

低压电器在规定的条件下,能可靠接通和分断的最大电流为低压电器的通断能力。通断能力与电器的额定电压、负载性质、灭弧方法等有很大关系。

(4)电气寿命

低压电器在规定条件下,在不需修理或更换零件时的负载操作循环次数。

(5)机械寿命

低压电器在需要修理或更换机械零件前所能承受的负载操作次数。

任务 4－1－2　常用低压电器

1. 按钮开关

按钮开关属于主令电器,是一种短时接通或断开小电流电路的手动低压控制电器,常用于控制电路中发出启动、停止、正转或反转等指令,通过控制继电器、接触器等动作,从而控制主电路的通断。按下按钮帽,其常开触点闭合,常闭触点断开,松开按钮帽,在复位弹簧的作用下,触点复位,按钮触点允许通过的电流很小,一般不超过 5 A,不能直接控制主电路的通断。按钮通常有常开按钮、常闭按钮、复合按钮和带灯按钮等。选用按钮应根据它的作用,从触点数、颜色和形状等方面考虑,安装时要根据控制工艺要求,合理布局,整齐排列。按钮开关外形和结构如图 4－1－1 所示,主要由按钮帽、复位弹簧、常开触头、常闭触头、接线桩、外壳等组成。

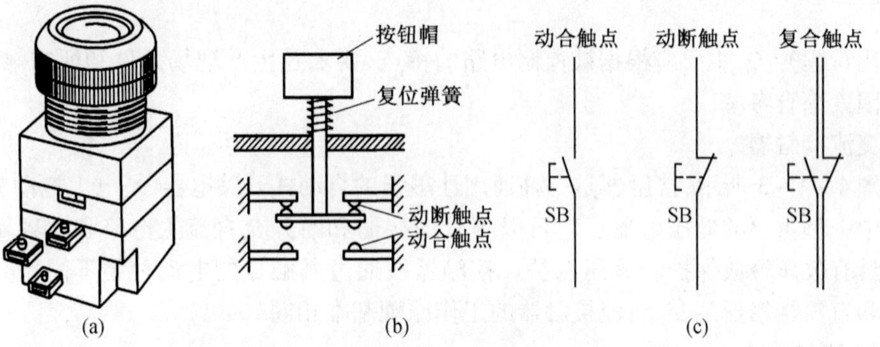

图 4－1－1　按钮开关外形和结构

(a)外形;(b)结构;(c)电路图

按钮开关的型号含义如下:

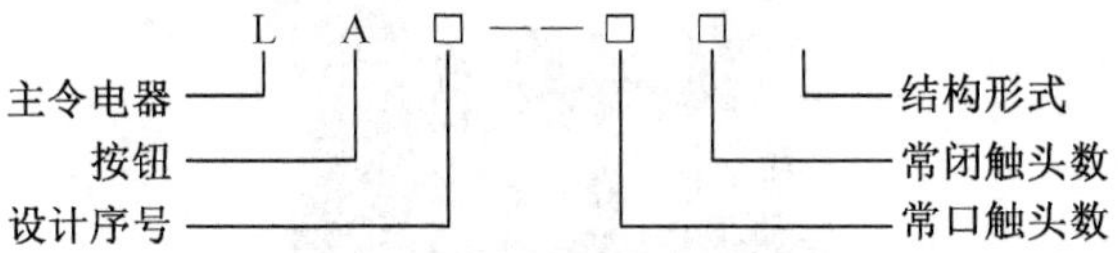

不同结构形式的按钮,分别用不同的字母表示:如 K—开启式;S—防水式;H—保护式样;F—防腐式;J—紧急式;X—旋钮式;Y—钥匙式;D—带指示灯式;DJ—紧急式带指示灯。

2. 行程开关

行程开关如图 4－1－2 所示。

图 4－1－2　行程开关实物图

常用的行程开关有 LX19 系列和 JLXK1 系列，其型号含义如下：

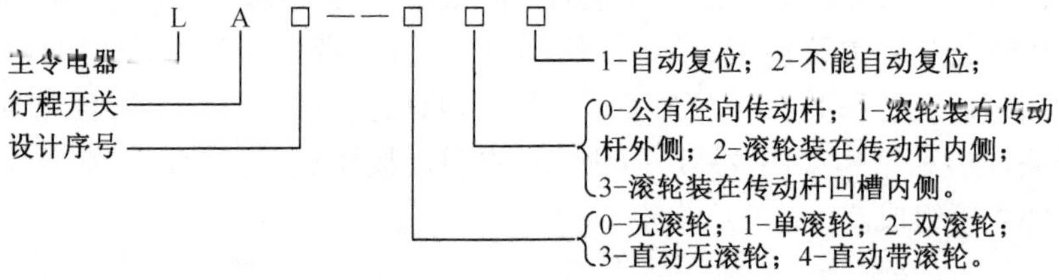

选用行程开关，主要应根据被控制电路的特点、要求及生产现场条件和所需触头数量、种类等因素综合考虑。

3. 交流接触器

如图 4－1－3 所示，接触器是一种通用性很强的自动式开关电器，是电力拖动和自动控制系统中一种重要的低压电器。它可以频繁地接通和断开交直流主电路和大容量控制电路。它具有欠压释放保护和零压保护。接触器按通过其触点的电流种类不同可分为交流接触器和直流接触器。交、直流接触器的工作原理基本相同。

(1)交流接触器的结构

如图 4－1－4 所示，交流接触器的结构包括触头系统、电磁系统和灭弧系统。

图 4－1－3　交流接解器实物图

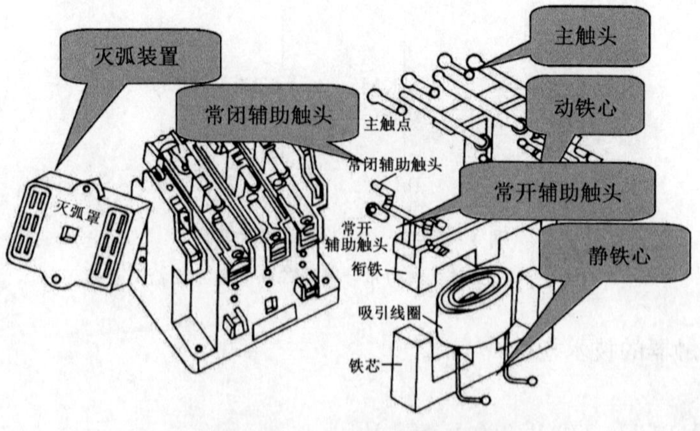

图4-1-4　交流接触器结构图

①电磁机构

电磁机构感受外界信号(如电压、电流等),并将电磁能转换为机械能,带动触头动作。

组成:衔铁、铁芯、线圈。

原理:线圈通入电流,产生磁场,经铁芯、衔铁和气隙形成回路,产生电磁力,将衔铁吸向铁芯。

②触头系统

触头系统包括:主触头、辅助触头、常开触头(动合触头)、常闭触头(动断触头)。通过触头的开合控制电路通、断。

③灭弧系统

灭弧系统包括灭弧罩和灭弧栅片。

a. 电弧:开关电器切断电流电路时,触头间电压大于10 V,电流超过80 mA时,触头间会产生蓝色的光柱,即电弧。

b. 电弧的危害:延长了切断故障的时间;高温引起电弧附近电气绝缘材料烧坏;形成飞弧造成电源短路事故。

c. 灭弧措施:吹弧、拉弧、长弧割短弧、多断口灭弧、利用介质灭弧、改善触头表面材料。

④电磁系统

电磁系统包括动静铁芯、吸引线圈和反作用弹簧。

(2)交流接触器的工作原理

当交流接触器的电磁线圈接通电源时,线圈电流产生磁场,使静铁芯产生足以克服弹簧反作用力的吸力,将动铁芯向下吸合,使常开主触头和常开辅助触头闭合,常闭辅助触头断开。主触头将主电路接通,辅助触头则接通或分断与之相联的控制电路。当接触器线圈断电时,静铁心吸力消失,动铁心在反作用弹簧力的作用下复位,各触头也随之复位。

(3)交流接触器的符号

交流接触器结构如图4-1-5所示。

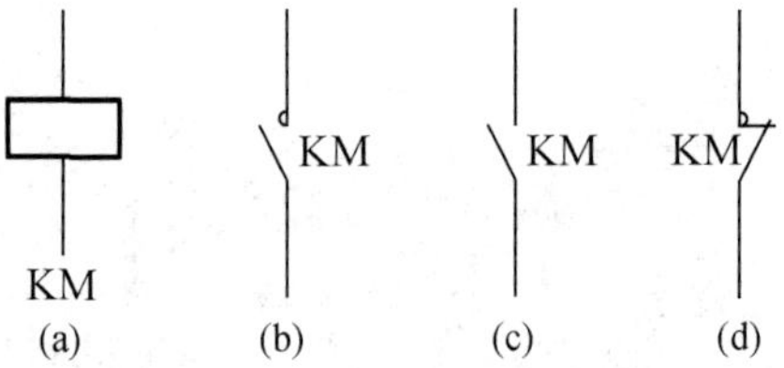

图 4-1-5　交流接触器的符号

(a)线圈;(b)主触点;(c)常开辅助触点;(d)常闭辅助触点

(4)交流接触器的技术指标

①额定电压

交流接触器:127 V、220 V、380 V、500 V。

直流接触器:110 V、220 V、440 V。

②额定电流

交流接触器:5 A、10 A、20 A、40 A、60 A、100 A、150 A、250 A、400 A、600 A。

直流接触器:40 A、80 A、100 A、150 A、250 A、400 A、600 A。

③吸引线圈额定电压

交流接触器:36 V、110(127) V、220 V、380 V。

直流接触器:24 V、48 V、220 V、440 V。

4. 继电器

继电器主要用于控制与保护电路中进行信号转换。继电器具有输入电路(又称感应元件)和输出电路(又称执行元件),当感应元件中的输入量(如电流、电压、温度、压力等)变化到某一定值时继电器动作,执行元件便接通和断开控制回路。

控制继电器种类繁多,常用的有电流继电器、电压继电器、中间继电器、时间继电器、热继电器,以及温度、压力、计数、频率继电器,等等。

电压、电流继电器和中间继电器属于电磁式继电器。其结构、工作原理与接触器相似,由电磁系统、触头系统和释放弹簧等组成。由于继电器用于控制电路,流过触头的电流小,故不需要灭弧装置。图 4-1-6 为继电器的图形符号和文字符号。

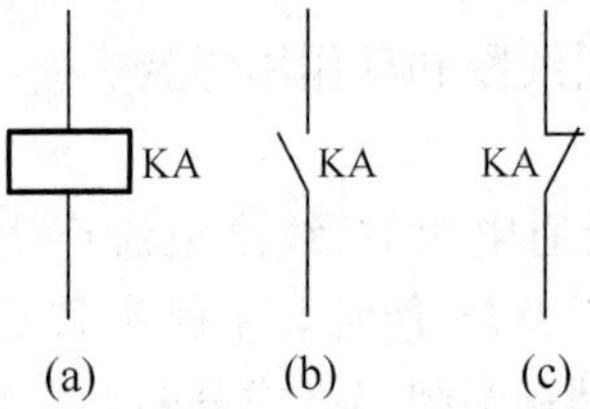

图 4-1-6　继电器的图形符号和文字符号

任务4-1-3　三相动力配电箱的安装

三相动力配电箱的安装如图4-1-7和图4-1-8所示。

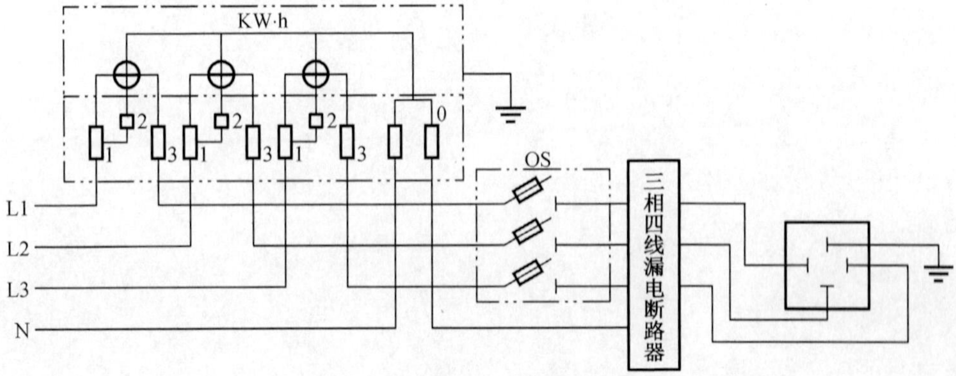

图4-1-7　三相动力配电箱图纸

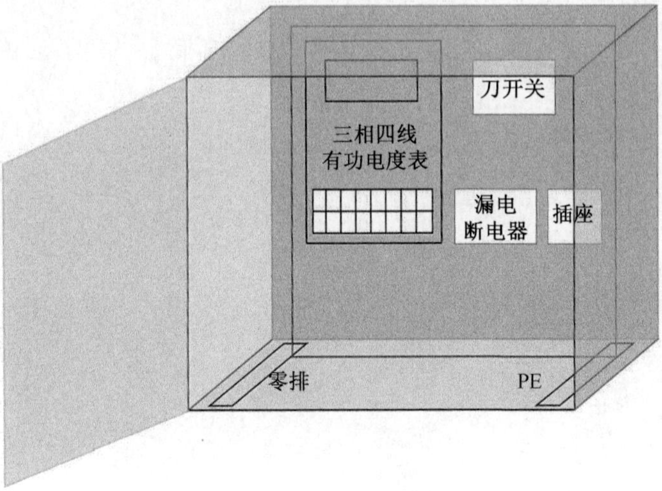

图4-1-8　三相动力配电箱器件布置图

三相动力配电箱接线方法：

其中1,4,7接电流互感器二次侧S1端，即电流进线端；

3,6,9接电流互感器二次侧S2端，即电流出线端；

2,5,8分别接三相电源；10、11是接零端。为了安全，应将电流互感器S2端连接后接地。

注意的是各电流互感器的电流测量取样必须与其电压取样保持同相，即1,2,3为一组；4,5,6为一组；7,8,9为一组。